DES MÉTAUX EN FRANCE.

Extrait des *Annales des Mines*, Tome 2, Année 1827.

Des Métaux en France.

RAPPORT

FAIT

AU JURY CENTRAL

DE L'EXPOSITION DES PRODUITS

DE

L'INDUSTRIE FRANÇAISE,

DE L'ANNÉE 1827,

SUR LES

OBJETS RELATIFS A LA MÉTALLURGIE;

Par M. Héron de Villefosse,

MEMBRE DE CE JURY, CONSEILLER D'ÉTAT, INSPECTEUR DIVISIONNAIRE AU CORPS ROYAL DES MINES, MEMBRE DE L'ACADÉMIE ROYALE DES SCIENCES, ETC.

PARIS,

IMPRIMERIE DE Mme HUZARD (née VALLAT LA CHAPELLE),

rue de l'Eperon, n° 7.

1827.

DES MÉTAUX EN FRANCE.

RAPPORT

Fait au Jury central de l'Exposition des Produits de l'Industrie française, de l'année 1827, sur les objets relatifs à la Métallurgie;

PAR A. M. HÉRON DE VILLEFOSSE,

Membre de ce Jury, Conseiller d'État, Inspecteur divisionnaire au Corps royal des Mines, Membre de l'Académie royale des Sciences, etc.

CE Rapport a été présenté au Jury central, au nom d'une Commission qu'il avait chargée de lui rendre compte de l'examen des produits relatifs aux arts métallurgiques, et qui était composée de quatre membres de ce Jury, ainsi qu'il suit :

M. le Vicomte HÉRICART DE THURY, *Conseiller d'État, Directeur des travaux publics de Paris, Ingénieur en chef au Corps royal des Mines, Inspecteur général des carrières de Paris, Membre de l'Académie des Sciences, Officier de la Légion-d'Honneur;*

M. MOLARD, *Chevalier de l'Ordre royal de la Légion-d'Honneur, Membre de l'Académie des Sciences, Membre du Comité consultatif des Arts et Manufactures, du Conseil d'administration de la Société d'Encouragement, ancien Administrateur du Conservatoire des Arts et Métiers;*

(M. MOLARD était spécialement chargé de l'exécution des essais auxquels ont été soumis les produits des arts métallurgiques.)

M. MIGNERON, *Chevalier de l'Ordre royal de la Légion-d'Honneur, Ingénieur en chef au Corps royal des Mines, Inspecteur particulier des carrières de Paris;*

M. HÉRON DE VILLEFOSSE, *Officier de la Légion-d'Honneur, etc.*, Rapporteur de la Commission (1).

---

(1) Voyez les Rapports publiés sur le même objet par suite des Expositions de 1819 et 1823, et insérés dans les *Annales des Mines*, de 1820, tome V, page 17, et de 1823, tome VIII, page 649.

MESSIEURS (1),

L'Exposition des produits de l'industrie française nous fait un devoir d'examiner des questions qui, malgré la sécheresse de certains détails, ne sont pas d'un médiocre intérêt, puisqu'elles ont rapport à la prospérité de la France.

C'est relativement aux métaux, que nous devons entrer dans l'examen des produits exposés, et des questions qui les concernent. Pour cela, il convient de suivre le même ordre et la même division des matières, que dans les précédentes Expositions.

Ainsi, le plomb, l'étain, le cuivre, le zinc, le fer, et, par suite, l'or et l'argent, avec les autres métaux, et tous les produits dont la matière première est un métal, voilà ce que nous avons à considérer dans le présent rapport.

1°. Quel développement a pris, en France, chacune des branches de l'industrie métallurgique, depuis la dernière Exposition qui eut lieu en 1823, et quel degré d'importance présente chacune de ces branches en 1827 ?

2°. Quels sont les genres de fabrication aux-

(1) On sait que le Jury central était composé des personnes ci-après désignées :

M. le marquis d'Herbouville, *président ;*

MM. Arago, Bellanger, Brongniart, Camille-Beauvais, Christian, D'Arcet, Fontaine, Gay-Lussac, Gérard, Guillard de Senainville, Héricart de Thury, Héron de Villefosse, Legentil, Lemoine-Desmares, Migneron (*secrétaire*), Molard, Amédée de Pastoret, Quatremère de Quincy, Rey, Tarbé de Vauxclairs, Thénard.

quels on s'est livré avec le plus de succès en France, depuis la même époque, et dans quels départemens peut-on reconnaître le plus d'activité, d'après le nombre des produits de chaque genre qui ont été envoyés à l'Exposition ?

Telles sont les questions sur lesquelles il paraît nécessaire de s'arrêter d'abord, pour être en état de résoudre ensuite cette question finale dont la solution est le but des travaux du Jury central :

3°. Quels sont les fabricans français qui ont droit aux récompenses royales, par suite de l'Exposition des produits de l'industrie, en 1827 ?

Des trois questions qui viennent d'être indiquées, les deux premières seront traitées dans la première partie de ce rapport ; elle aura pour titre, comme en 1819 et en 1823, *Coup-d'œil sur l'ensemble des produits métallurgiques, exposés*. La troisième question, relative à la détermination du mérite des produits et des fabriques, sera l'objet d'une seconde partie, intitulée : *Détails concernant les produits métallurgiques, exposés en* 1827.

Nous terminerons ce rapport par une troisième partie qui consistera dans une liste indicative des fabricans jugés dignes d'obtenir les récompenses que le Roi destine à l'industrie française.

PREMIÈRE PARTIE.

Coup-d'œil sur l'ensemble des produits métallurgiques, exposés en 1827.

Pour mesurer le développement de l'industrie métallurgique, et pour déterminer le degré d'importance qu'elle présente en France, il faut d'abord connaître les quantités de matières métalliques, sur lesquelles s'exerce annuellement cette industrie dans l'ensemble des ateliers français.

De précieuses données à cet égard nous sont offertes, 1°. par les états de produits, que dressent annuellement MM. les Ingénieurs des mines, et qui contiennent tous les détails relatifs à chacun des établissemens métallurgiques de la France; 2°. par les procès-verbaux des Jurys spéciaux, qui dans les départemens ont examiné les objets exposés, avant de les admettre au concours; 3°. enfin, par les tableaux que publie, chaque année, l'Administration générale des douanes, concernant les quantités de marchandises, qui sont importées en France pour la consommation intérieure, et les produits du sol français qui sont exportés du royaume pendant le même temps. A ces documens nous joindrons ceux qui nous sont fournis, tant par les comptes généraux de l'Administration des finances, relativement aux monnoies, que par des recherches faites à la Direction générale des contributions indirectes, en ce qui concerne les matières d'or et d'argent soumises au droit de garantie, et par un intéressant recueil de faits, que M. le Préfet de la Seine a publié sous le titre de *Recherches statistiques sur la ville de Paris* (1823 et 1826).

Voyons d'abord quels sont les métaux que l'on extrait du sol de la France, et quelles quantités de ces métaux bruts, ou matières premières, ont été obtenues dans les établissemens français de mines et usines pendant les deux années 1822 et 1826. Nous verrons ensuite quelles quantités de métaux bruts ont été importées en France, pour la consommation intérieure du royaume, abstraction faite de l'entrepôt et du transit, d'une part pendant les quatre années qui ont précédé l'Exposition de 1823, et d'autre part pendant les quatre années qui ont précédé l'Exposition de 1827. Nous établirons ainsi, tant pour 1822 que pour 1826, le terme moyen d'importation annuelle de ces métaux, et par suite, après déduction faite des quantités exportées de l'intérieur du royaume, nous connaîtrons, pour chacune de ces deux mêmes années 1822 et 1826, les quantités de métaux brut qui furent destinées à la consommation intérieure, c'est-à-dire, employées par l'industrie manufacturière dans les ateliers français.

Au moyen de ces calculs, suffisamment approximatifs, nous pourrons déterminer, pour chacune des deux époques, le degré d'activité des ateliers, et comparer les époques entre elles; tel est l'objet de deux tableaux qui suivent :

Le premier fait voir, sans aucun double emploi des mêmes matières, quel fut le produit moyen des mines et minières métalliques de la France, d'un côté en 1822, et de l'autre en 1826. (*Voy. Tabl.* N°. 1, p. 8.)

Le second tableau présente d'abord, année par année, les quantités d'importation des métaux bruts, depuis 1819 jusqu'à 1826 inclusivement, quantités dont la progression croissante est remarquable ; ensuite, il indique les quantités exportées de l'intérieur du royaume. Pour chacune des deux périodes de quatre années, ce tableau nous montre quel fut le terme moyen de l'importation et de l'exportation des métaux bruts, c'est-à-dire des métaux parvenus au degré de pureté qui leur donne leur nom propre, et considérés comme matières premières, abstraction faite de l'industrie manufacturière qui les élabore ultérieurement. (*Voy. Tabl.* N°. 2, p. 24.)

Ainsi, en déduisant du terme moyen d'importation le terme moyen d'exportation, nous verrons quel était, d'une part en 1822, et de l'autre en 1826, le terme moyen de la consommation des métaux importés, dans l'ensemble des ateliers de la France.

Si l'on ajoute à ce terme moyen que nous offre le second tableau, celui qui, dans le premier, indique le produit des mines et minières pour 1822 et pour 1826, on trouvera, soit pour la première de ces années, soit pour la seconde, un total de consommation des métaux bruts, à l'état de métaux neufs, total auquel il ne s'agira plus, pour déterminer le degré d'activité des ateliers métallurgiques de la France, que d'ajouter, relativement à quelques métaux, certaines quantités de métal vieux que l'on refond avec le métal neuf, dans de certaines proportions, ainsi que nous le verrons plus tard ; mais jetons d'abord un coup-d'œil sur les deux tableaux annoncés :

N°. 1. *TABLEAU général du produit des mines et minières métalliques de la France, pendant les deux années 1822 et 1826, sans double emploi des mêmes matières.*

MÉTAUX provenant du sol français.	Quantités en qx. mét. An. 1822.	Quantités en qx. mét. An. 1826.	PRIX MOYEN du qal. mét. en 1826.	VALEUR totale des produits en 1826.	RENVOI aux annotations qui suivent :
	qx. m.	qx. m.	fr. c.	fr.	
Plomb en saumons.....	2.517	1.830	64 »	117.120	Voyez —— 1°. et Argent ci-dessous.
— oxidé (litharge) donnant 0,90 de plomb...	2.526	5.137	60 »	308.220	
— sulfuré (alquifoux) tenant 0,60 de plomb.	1.123	1.642	40 »	65.680	
Cuivre noir, donnant 0,85 en cuivre pur...	1.478	1.640	180 »	295.200	—— 2°.
Antimoine sulfuré fondu, dit antimoine cru, donnant 0,45 en antimoine pur, ou régule.	1.023	917	70 »	64.190	—— 3°.
Arsenic natif.........	»	50	60 »	3.000	—— 4°.
Manganèse oxidé.........	1.800	7.550	8 »	60.400	—— 5°.
Fonte de fer brute, pour moulage en 1re. fusion.	150.000	256.065	20 »	5.121.300	—— 6°. et 9°.
Fer en grosses barres. { provenant de fonte affinée au charbon de bois.........	618.540	783.062	56 »	43.851.472	—— 8°.
— des forges catalanes...	93.470	93.000	52 »	4.836.000	—— 9°.
— de fonte affinée à la houille......	»	400.370	48 »	19.217.760	—— 7°.
Acier... { naturel en barres.	20.000	32.568	80 »	2.605.440	—— 10°.
cémenté.......	15.000	20.560	135 »	2.775.600	—— 10°.
fondu en lingots...	800 kil.	1.725 kil.	240 » par kil.	414.000	—— 10°.
Argent en lingots.......	1.088	1.162	219 »	254.478	—— 1°.
TOTAUX..	908.287	1.606.127	....	79.989.860	
Voyez quant aux prix énoncés......................					—— 11°.
—— aux produits non métalliques des mines et minières.					—— 12°.

Annotations sur les mines et minières.

Le tableau qui précède exige quelques annotations que voici :

1°. Les mines qui ont produit les quantités énoncées de plomb et de litharge sont situées dans les départemens dont les noms suivent avec indication du produit de chacune d'elles pour l'année 1826 : Plomb.

—— Finistère, à Poullaouen et Huelgoat,
Plomb. . . . 138,qx.m.45
Litharge. . . 4874, 28.

—— Lozère, à Villefort et Vialas,
Plomb. . . 270,qx.m.87
Litharge . . . 263, 18.

—— Vosges, à Lacroix,
Plomb . . . 330,qx.m. ».

—— Haut-Rhin, à Sainte-Marie,
Plomb. . . . 500,qx.m. ».

—— Isère, à la Grave, et à Vienne où l'usine est située,
Plomb. . . . . 441,qx.m. ».

—— Loire, à Saint-Julien-Molin-Molette, et dans l'usine de Vienne (Isère),
Plomb. . . . 150,qx.m. ».

Les quantités susmentionnées de litharge, d'après le produit habituel qui est de 90 de plomb pour 100 de litharge réduite ou revivifiée dans les usines, représentent en plomb pur, Litharge.

Pour l'année 1822, un total de 2.273 qx.m. de plomb,
Pour l'année 1826, ———— 4.623.

En ajoutant chacune de ces dernières quantités au produit obtenu directement en plomb, pour chacune des deux années, on voit que la quantité de ce métal, qui provint des mines de France, tant directement, que par la réduction de la litharge, fut,

En 1822, un total de 4.790 qx.m. de plomb,
En 1826, ———— 6.453.

Alquifoux. Quant au plomb sulfuré, dit *alquifoux*, ce minerai préparé n'est pas ordinairement converti en métal, mais il est employé pour la fabrication des poteries communes; c'est pourquoi l'alquifoux ne se trouve pas compris dans les totaux de plomb ci-dessus indiqués. Le produit en alquifoux est obtenu dans sept départemens dont voici les noms: Haute-Loire, Rhône, Loire, Isère, Hautes-Alpes, Lozère, Corrèze.

Argent. Les quantités d'argent qui sont portées sur notre tableau ont été obtenues de la coupellation du plomb argentifère dans quelques-unes des usines où s'opère la fusion des minerais de plomb.

En 1826, le produit en argent fin a été, pour chacune de ces usines, tel qu'il suit :

Dans le département du Finistère, à Poullaouen et Huelgoat. 776,kil.07
—— Lozère, à Villefort et Vialas. 346, 47
—— Vosges, à Lacroix. . . . . . . 40, ».

Cuivre. 2°. Le cuivre non raffiné, que l'on nomme cuivre noir, provient des mines ci-après indiquées. Le produit de ces mines fut, en 1826,

Dans le département du Rhône, à Saint-Bel et Chessy . . . . 1.465 quint. mét.
—— Haut-Rhin, à Ste.-Marie... 175.

Ce cuivre noir donne, par l'affinage, 0,85 de son poids, en cuivre-rosette, d'après le terme moyen de plusieurs années. (*Voyez Annales des Mines de* 1825, p. 255.)

Ainsi, les quantités susénoncées de cuivre noir représentent en cuivre-rosette,

Pour l'année 1822, un total de 1.256 quint. mét.,
Pour l'année 1826, ——— 1.394.

Antimoine. 3°. Les mines d'antimoine qui ont fourni le produit total porté sur le tableau, sont situées dans sept départemens dont suit l'indication : Creuze,

Puy-de-Dôme, Cantal, Haute-Loire, Gard, Ardèche, Lozère. Cette matière est en général répandue dans le commerce à l'état d'antimoine sulfuré fondu, qui est connu sous le nom *d'antimoine cru*. On emploie 220 kilogrammes de cet antimoine cru pour obtenir 100 kilogrammes d'antimoine métallique; en d'autres termes, l'antimoine cru du commerce donne 0,45 de son poids, en régule d'antimoine. Ainsi, les quantités d'antimoine cru qui sont portées sur le tableau représentent en antimoine métallique ou régule,

Pour l'année 1822, un total de 460,qx.m.35,
Pour l'année 1826, ———— 412, 65.

4°. La quantité énoncée d'arsenic natif consiste en minerai obtenu de la mine de Sainte-Marie (Haut-Rhin), et destiné à être converti en arsenic oxidé blanc. Arsenic.

5°. Le manganèse oxidé provient des départemens de Saône-et-Loire et de la Dordogne. On sait que cette matière métallique est employée dans les arts à l'état d'oxide convenablement préparé. Manganèse.

6°. Les quantités de fonte de fer qui sont portées sur notre tableau, pour l'année 1826, diffèrent de celles que nous avons constatées ailleurs pour l'année 1825. C'est à cause des accroissemens de production, qui ont eu lieu comme on l'espérait. A cet égard, les états de produits dressés par MM. les Ingénieurs des mines, pour l'exercice 1826, présentent des faits remarquables dont voici le résumé : Fonte de fer.

Pendant l'exercice 1826, les hauts-fourneaux, au nombre de 424, qui ont consommé les produits des mines et minières de fer de la France, ont fourni les quantités de fonte, tant brute que moulée de première fusion, qui sont indiquées ci-après:

Produit en fonte de fer, en 1826.

Inspections des Mines.	Départemens.	Hauts-fourneaux.	Fonte brute, en gueuse.	Totaux par Inspection.	Fonte moulée de 1re fusion.	Totaux par Inspection.
		nombre.	qx. m.	qx. m.	qx. m.	qx. mét.
1re. 60 hauts-fourn.	Eure-et-Loir...	1	»	159.779	9.250	31.146
	Loir-et-Cher...	1	1.775		»	
	Indre-et-Loire.	3	2.609		190	
	Deux-Sèvres...	1	2.000		»	
	Vienne.......	2	4.600		»	
	Indre..........	14	38.736		2.381	
	Haute-Vienne..	4	6.690		»	
	Corrèze.......	2	4.699		397	
	Maine-et-Loire.	1	6.030		60	
	Mayenne.......	8	29.550		2.500	
	Sarthe........	5	9.740		»	
	Morbihan.......	4	9.300		6.000	
	Loire-Infér°...	4	17.000		125	
	Côtes-du-Nord.	4	9.050		2.500	
	Ille-et-Vilaine..	6	18.000		7.743	
2e. 72 hauts-fournx.	Manche.......	1	»	247.610	4.200	86.133
	Orne........	13	31.099		4.702	
	Eure.........	10	20.000		25.000	
	Nord........	3	9.007		3.491	
	Meuse.......	22	91.586		29.710	
	Ardennes....	23	95.918		19.030	
3e. 101 hauts-fournx.	Moselle.......	13	104.177	1.106.905	16.001	101.422
	Bas-Rhin.....	3	10.640		6.000	
	Vosges.......	6	24.880		3.950	
	Haut-Rhin....	5	24.182		10.240	
	Haute-Saône...	34	227.636		30.101	
	Haute-Marne...	52	300.174		25.286	
	Yonne.........	2	13.500		»	
	Côte-d'Or......	36	193.950		4.700	
	Nièvre........	26	97.962		3.144	
	Cher..........	15	81.940		2.000	
	Allier.......	4	14.154		»	
	Saône-et-Loire.	5	13.710		»	
4e. 32 hauts-fournx.	Loire.........	5	22.500	148.789	»	9.050
	Doubs........	9	47.300		5.850	
	Jura.........	8	44.480		3.200	
	Isère..........	10	34.459		»	
5e. 59 hauts-fournx.	Tarn-et-Garon°.	2	1.381	76.236		28.314
	Bass.-Pyrénées.	2	350		1.700	
	Landes.........	4	18.164		5.415	
	Lot-et-Garon°.	3	3.300		2.025	
	Gironde.........	4	1.200		390	
	Charente.......	6	9.640		1.600	
	Dordogne.......	37	41.001		14.384	
	Lot..............	1	1.200		2.800	
	Totaux..	424		1.739.269		256.065

Ainsi, la production totale de fonte, tant brute que mouléede 1re. fusion, est de 1.995.334. q[x].m.

Sur le total de fonte brute, 35.026 quintaux métriques sont provenus de la fusion du minerai de fer par le moyen de la houille carbonisée, dite coke, dans les départemens ci-après :

Moselle.	3.218 quint. mét.
Saône-et-Loire. . . .	808
Loire.	22.500
Isère	8.500
TOTAL. . .	35.026 quint. mét.

Tout le reste a été obtenu par le moyen du charbon de bois.

7°. Une portion du total de fonte brute susénoncé a été employée pour la fabrication du fer en barres affiné à la houille. On a obtenu, par ce procédé, les quantités suivantes : Fer à la houille.

Produit en fer à la houille, en 1826.

INSPECTIONS des MINES.	DÉPARTEMENS.	Fours d'affinage.	Fer à la houille.	TOTAUX par Inspection.
		nombr.	qx. m.	qx. m.
1re. 19 fours d'affinage.	Seine.	10	31.616	52.816
	Loire-Infér[e]. . .	5	15.000	
	Ille-et-Vilaine.	4	6.200	
2e. 33 fours	Oise.	2	5.800	75.750
	Nord.	7	20.000	
	Meuse.	6	19.600	
	Ardennes	18	30.350	
3e. 57 fours	Moselle.	14	37.202	137.471
	Vosges.	1	1.500	
	Côte-d'Or	10	28.000	
	Nièvre.	21	59.214	
	Cher.	2	9.360	
	Saône-et-Loire.	9	2.195	
4e. 40 fours	Loire.	38	127.600	134.333
	Doubs.	2	6.733	
	TOTAUX. .	149	. . . . . .	400.370 q.m.

Ce total, à raison de 1.325 de fonte brute pour 1.000 de fer, terme moyen calculé sur l'ensemble des usines françaises de ce genre, a exigé 530.490 quintaux métriques de fonte brute.

On a de plus obtenu, dans le département du Nord, 25.000 quint. mét. de fer, provenant de 37.500 quint. mét. de vieilles ferrailles que l'on y a traitées, par le moyen de la houille, dans quelques usines secondaires. Par le même procédé, 1.000 quint. mét. d'essieux ont été fabriqués dans la ville d'Arras (Pas-de-Calais).

Fer au charbon de bois.

8°. Si du total de fonte brute, qui est posé ci-dessus (p. 12). . . . . 1.739.269 q. m.
on soustrait le total de fonte brute employée pour la fabrication du fer affiné à la houille. 530.490

Il reste pour la fabrication du fer affiné au charbon de bois, et pour la fabrication de l'acier naturel provenant de fonte. . 1.208.779 q. m. de fonte brute.

La fabrication de l'acier naturel, objet sur lequel nous reviendrons plus tard, n'a exigé qu'environ 41.025 quintaux métriques de fonte, pour 28.364 quint. mét. d'acier naturel ; car, le surplus de la quantité qui sera indiquée ci-après est un produit des forges catalanes de l'Ariége. Ainsi, le reste susénoncé de fonte brute se réduit à 1.167.754 quint. mét. pour la fabrication du fer affiné au charbon de bois. Ce reste, à raison de 1.450 de fonte pour 1.000 de fer, terme moyen calculé sur l'ensemble des usines françaises de ce genre, a produit 805.347 quint. mét. de fer en barres ainsi fabriqué, quantité sur laquelle on a pris environ 22.285 quint. mét. pour la fabrication de l'acier cémenté et de l'acier fondu, et qui par là se trouve réduite à 783.062 quint. mét. de fer en barres provenant des mines et minières de la France. (*Voy. Tabl.* N°. 1, p. 8.)

La quantité de fer affiné au charbon de bois, qui est portée sur les états de produits, est plus forte que celle qui vient d'être indiquée : c'est parce que la première comprend, outre le produit des mines et minières de la France, en fer au charbon de bois, celui qui, dans les usines françaises, est résulté de l'emploi, tant de la fonte importée, que de la fonte prise sur des approvisionnemens antérieurs à l'exercice dont il s'agit, ou sur des réserves très-considérables de vieille fonte et de ferrailles, qui ont été vendues extraordinairement et employées, dans les forges, pour la fabrication du fer.

On sait en effet, que pendant l'année 1826, les demandes de fonte de fer s'étant fort multipliées, à cause du rapide essor qu'avait pris la fabrication du fer en France, tout ce qui n'était pas utile dans les arsenaux, dans les ports et en général dans les magasins, soit publics, soit particuliers, a été livré au commerce; il est même plusieurs grands établissemens de forges, qui n'ont été alimentés de fonte, que par ce moyen.

Voici la quantité totale de fer affiné au charbon de bois, qui est portée dans les états de produits pour l'exercice 1826 :

Produit en fer au charbon de bois, en 1826.

Inspections des Mines.	Départemens.	Feux d'affinerie.	Fer en barres.	Totaux par Inspection.
		nombr.	qx. m.	qx. mét.
1re. 153 feux d'affinerie	Eure-et-Loir	4	4.350	102.160
	Loir-et-Cher	8	1.178	
	Indre-et-Loire	3	370	
	Deux-Sèvres	2	1.250	
	Vienne	5	3.03[illegible]	
	Indre	36	22,688	
	Haute-Vienne	38	9.855	
	Corrèze	11	4.376	
	Maine-et-Loire	3	3.960	
	Mayenne	10	18.127	
	Sarthe	10	6.598	
	Morbihan	4	6.000	
	Loire-Inférieure	7	11.234	
	Côtes-du-Nord	6	6.500	
	Ille-et-Vilaine	6	2.640	
2e. 167 feux	Orne	21	20.253	179.762
	Eure	14	16.400	
	Aisne	3	3.379	
	Nord	28	23.435	
	Meuse	44	54.070	
	Ardennes	57	62.225	
3e. 520 feux	Moselle	39	55.891	532.033
	Bas-Rhin	8	8.631	
	Meurthe	2	2.572	
	Vosges	44	55.169	
	Haut-Rhin	19	21.175	
	Haute-Saône	39	45.275	
	Haute-Marne	104	154.246	
	Aube	5	9.372	
	Yonne	6	2.990	
	Côte-d'Or	62	72.540	
	Nièvre	138	52.534	
	Cher	30	39.031	
	Allier	15	6.843	
	Saône-et-Loire	9	5.964	
4e. 85 feux	Doubs	35	48.940	96.287
	Jura	39	44.245	
	Isère	11	2.921	
	Drôme	aciéries	81	
	Basses-Alpes	Idem.	100	

INSPECTIONS des MINES.	DÉPARTEMENS.	Feux d'affinerie.	Fer en barres.	TOTAUX par Inspection.
		nombre	qx. m.	qx. m.
8°. 132 feux d'affinerie..........	Basses-Pyrénées.	5	200	50.468
	Landes.........	13	12.436	
	Lot-et-Garonne..	5	2.550	
	Gironde........	7	2.109	
	Charente.......	15	4.750	
	Dordogne......	88	27.573	
	Lot...........	1	850	
	TOTAUX..........	1.057		960.710
En soustrayant de ce total le produit susénoncé des mines et minières de la France, ci.........				805.347
on voit que, dans les usines françaises, il a été fabriqué en fer forgé..............................				155.363 q.m.
de plus que n'ont produit les mines et minières de la France, pendant l'exercice 1826. (*Voy.* p. 14 et 41.)				

9°. Quant à la quantité de fer que l'on a obtenue des forges catalanes, elle a été telle qu'il suit, d'après ces mêmes états : Fer des forges catalanes.

Produit en fer des forges catalanes, en 1826.

INSPECTIONS des MINES.	DÉPARTEMENS.	Foyers catalans.	Fer en barres.	TOTAUX par Inspection.
		nombre	qx. m.	qx. m.
8°. 96 foyers catalans.	Aude..........	17	18.837	85.000
	Pyrénées-Or^es. .	20	15.087	
	Ariége.........	47	43.012	
	Haute-Garonne.	2	1.502	
	Tarn..........	1	1.500	
	Basses-Pyrénées.	3	2.592	
	Lot-et-Garonne.	3	1.550	
	Dordogne......	2	450	
	Lot...........	2	470	
	Corse, d'après les années antérieures........	10	....	8.000
	TOTAUX.........	106		93.000

Fonte moulée de 2e. fusion.

Outre ces produits, on a fabriqué, dans toute la France, pendant le même exercice 1826, en fonte moulée de seconde fusion, les quantités que voici :

Produit en fonte moulée de 2e. fusion, en 1826.

Inspections des Mines.	Départemens.	Fonte moulée de 2e. fusion.	Totaux par Inspection.
		qx. mét.	qx. mét.
1re.	Seine	44.172	44.274
	Corrèze	102	
2e.	Orne	2.500	17.347
	Seine-Inférieure	2.259	
	Pas-de-Calais	6.000	
	Nord	3.450	
	Meuse	3.018	
	Ardennes	120	
3e.	Moselle	1.500	40.390
	Vosges	500	
	Haut-Rhin	9.100	
	Haute-Saône	3.060	
	Haute-Marne	3.300	
	Côte-d'Or	2.600	
	Nièvre	15.351	
	Saône-et-Loire	4.979	
4e.	Loire	3.500	16.710
	Doubs	250	
	Rhône	6.150	
	Isère	6.110	
	Vaucluse	700	
5e.	Haute-Garonne	3.400	3,400
	Total		122.121 q.m.

Ce total, d'après ce qui précède, doit être considéré, ainsi que l'excédant du fer au charbon de bois, comme ayant été obtenu par le moyen, soit de fonte importée, soit de fonte prise sur des approvisionnemens antérieurs à l'exercice 1826, ou sur des réserves de vieille fonte, qui ont été vendues extraordinairement.

Acier.

10°. Les totaux d'acier, qu'énonce notre Tableau N°. 1, se composent des quantités suivantes, d'après les mêmes états de produits :

En 1826, on a fabriqué,

	Dans les départemens de :	qx. mét.	Totaux en q.m.
Acier naturel......	Haute-Vienne. . .	540	32.568
	Moselle	500	
	Vosges.	3.750	
	Haute-Saône.	3.800	
	Côte-d'Or.	1.000	
	Nièvre.	5.123	
	Isère.	12.700	
	Drôme.	600	
	Ariége	4.204	
	Dordogne.	351	
Acier cémenté.....	Indre-et-Loire. . . .	2.000	20.560
	Orne	205	
	Haut-Rhin.	900	
	Côte-d'Or.	300	
	Loire.	2.760	
	Ariége.	7.895	
	Haute-Garonne. . .	6.500	
Acier fondu......	Loire.	1.560	1.725
	Doubs.	165	
	TOTAL.		54.853

Prix des métaux.

11°. Les prix indiqués par notre tableau sont des prix moyens qui ont été calculés, pour la fin de l'année 1826, d'après les diverses quantités et qualités, ainsi que d'après les divers cours, des marchandises dont il s'agit. Ces prix furent, en général, moindres à la fin qu'au commencement de l'année 1826. Aujourd'hui, vers la fin de l'année 1827, ils ont encore diminué. Par exemple, le plomb en saumons, venant de l'étranger, s'était vendu, au commencement de 1827, jusqu'à 58 fr. par quint. métrique, livré dans le port de Rouen, et il est graduellement descendu à 48 fr. à cause d'une abondante importation de plomb venant d'Espagne; mais le prix du plomb venant d'Angleterre s'est maintenu plus élevé, ainsi que le prix du plomb de France.

Le prix des fers de France a éprouvé une baisse considérable, que l'on peut attribuer en grande partie à l'accroissement de production. En ce moment, vers la fin de 1827,

Le fer affiné au charbon de bois, dit *roche*, ou fer de Champagne, première qualité, coûte 50 à 52 fr., rendu à Joinville;

Le fer des Ardennes, 48 à 50 fr., rendu à Sedan;

Le fer de Bourgogne, 48 à 49 fr., rendu à Arcis-sur-Aube, à Tanlay, ou à Châtillon;

Le fer à la houille, 45 à 46 fr., rendu à Paris.

On pourra modifier, d'après ces données récentes, les résultats de nos calculs que nous avons dû établir sur les prix de l'année 1826.

Produits non métalliques.

12°. Outre les produits métalliques, portés sur le tableau précédent, les mines et minières de la France ont fourni, en 1826, des quantités considérables de produits non métalliques, dont plusieurs, et notamment la houille, sont d'une haute importance pour les travaux de la métallurgie; c'est ce qui nous engage à compléter le tableau du produit des mines et minières de la France, par l'indication qui va suivre:

Produit des mines et minières non métalliques, en 1826.

	Dans les Départemens de :	qx. mét.	Totaux par Inspection. qx. métr.
Houille.	1re. Inspon.		
	Creuse.	10.655	434.019
	Corrèze	10.800	
	Maine-et-Loire.	114.294	
	Mayenne. . . .	63.400	
	Sarthe.	99.800	
	Loire-Inférieure	135.070	
	2e.		
	Calvados.. . . .	309.976	3.764.710
	Pas-de-Calais. .	57.247	
	Nord.	3.397.487	
	3e.		
	Bas-Rhin.	1.726	1.191.627
	Haut-Rhin . . .	11.025	
	Haute-Saône....	365.787	
	Nièvre.	298.079	
	Allier.	142.779	
	Saône-et-Loire.	372.231	
	4e.		
	Loire.	5.605.000	6.585.788
	Puy-de-Dôme...	86.500	
	Cantal.	2.000	
	Haute-Loire....	284.266	
	Rhône.	67.487	
	Isère.	69.092	
	Hautes-Alpes. .	5.000	
	Basses-Alpes. . .	10.494	
	Bouch.-du-Rh. .	405.245	
	Vaucluse	50.704	
	5e.		
	Gard.	338.754	782.762
	Ardèche.	66.798	
	Hérault..	132.866	
	Aude.	3.079	
	Tarn.	144.524	
	Dordogne.	3.310	
	Aveyron.	93.431	
	TOTAL.		12.758.906

A ce résultat des estimations modérées qui sont faites pour l'assiette des redevances sur les mines, on peut ajouter un cinquième du total ci-dessus, tant pour compenser la faiblesse des déclarations ou des évaluations, que pour tenir compte des quantités de houille qui se consomment sur les mines, sans être sujettes à redevance : le total de houille extraite devient donc 15.310.687 quintaux métriques, valant, au prix moyen de 1 fr. sur les mines, ... 15.310.687 fr.

On a de plus obtenu les quantités ci-après indiquées de produits divers,

Dans les départemens de :

Lignite.	Gard.	59.404 q^x. mét.	
	Isère.	11.860	
	Bas-Rhin. . .	27.150	
	Total.	98.414	

valant, au prix moyen de 72 c. le qal. mét., 70.858 fr.

Dans le total susénoncé ne sont pas comprises les quantités de ce combustible qui sont employées pour la fabrication du vitriol (sulfate de fer) et de l'alun.

Dans les départemens de :

Vitriol vert, Sulfate de fer.	Aisne.	16.656 q^x. mét.	
	Oise.	4.338	
	Bas-Rhin. . .	4.178	
	Moselle.	197	
	Ardèche. . .	225	
	Gard.	347	
	Total.	25.941	

valant, au prix moyen de 10 fr. le qal. mét., 259.410.

A reporter. 15.640.955 fr.

Ci-contre. . . . . 15.640.955 fr.

Dans les départemens de :

Alun, Sulfate d'alumine.	Aisne.	12.865 qx. mét.
	Oise.	1.867
	Bas-Rhin. . . .	6.085
	Moselle.	176
	Aveyron. . . .	125
	Total.	21.118

valant, au prix moyen de 40 fr. le qal. mét., 844.720.

Dans ce total ne sont pas comprises les quantités d'alun que l'on obtient dans les départemens de l'Hérault, du Gard, etc., par des procédés qui n'exigent pas l'exploitation des mines et minières.

Dans les départemens de :

Magmas, ou mordans, mélange de vitriol vert et d'alun.	Oise.	4.000 qx. m.
	Aisne.	2.500
	Total. . . .	6.500

valant, au prix moyen de 6 f. le qal. mét., 39.000.

Dans les départemens de :

Mastic bitumineux, dit Asphalte.	Bas-Rhin. . . .	1.600 qx. m.
	Ain.	2.147
	Total.	3.747

valant, au prix de 20 fr. le qal. mét., . . . 74.940.

Bitume Malte. (Bas-Rhin). 260 qx. m.
valant, au prix moyen de 58 f. le qal. mét., 15.080.

Pétrole. . . . . . . (Bas-Rhin). 851 qx. m.
valant, au prix moyen de 69 fr. le qal. m., 58.719.

Sel gemme. . . . (Meurthe). 110.000 qx. m.
valant, au prix moyen de 80 c. le qal. m., 88.000.
(produit que fournissait la mine de Vic, aujourd'hui remplacée par celle de Dieuze où l'extraction est réglée à 150.000 q. m. pour l'année 1828.)

Total de valeur des produits non métalliques. . . . . 16.761.414 fr.

Si à ce total, de	16.761.414 fr.
on ajoute la valeur des produits métalliques qui se trouve sur le tableau n°. 1, pour l'année 1826, ci.	79.989.860 fr.
On voit que l'ensemble des mines et minières quelconques de la France fournit annuellement, en matières premières, une valeur totale de.	96.751.274 fr.

Il ne sera pas inutile d'indiquer ici, d'après les états des douanes, les quantités de produits non métalliques des mines et minières, qui ont été importées en France, pour la consommation intérieure, ou exportées du royaume, pendant l'année 1826 ; elles furent telles qu'il suit :

	Importation.	Exportation.
Houille.	5.028.669 qx. mét.	38.591 qx. mét.
Coke.	11.565	295
Lignite.	»	»
Sulfate de fer (vitriol vert) . . .	47	»
Sulfate d'alumine (alun)	1.764	3.569
Asphalte (bitume).	11	461
Pétrole	25	123
Sel gemme.	8	22

Nous bornant désormais à considérer les produits métalliques, voyons quelles quantités de métaux tirés des pays étrangers sont annuellement ajoutées, pour les besoins de l'industrie française, à celles que la France obtient de son propre sol; tel est l'objet du tableau suivant :

N°. 2. *Tableau indicatif des quantités de Métaux bruts, qui furent importées en France, pour*
pendant chacune des huit années

MÉTAUX BRUTS ou MATIÈRES PREMIÈRES.	IMPORTATION.													
	PREMIÈRE PÉRIODE. Années				DEUXIÈME PÉRIODE. Années				TERME MOYEN D'IMPORTATION pour une année,		Taux d'évaluation, des Douanes, en 1826, par qal mét.	Valeur du Terme moyen d'importation annuelle, pour la 2e. période.	DROITS D'E	
	1819.	1820.	1821.	1822.	1823.	1824.	1825.	1826.	de 1819 à 1822.	de 1823 à 1826.			par Navires français.	pa dé et
	qx. mét.	qx. mét.	qx. mét.	qx. mét.	qx. mét.	qx. mét.	qx. mét.	qx. mét.	qx. mét.	qx. mét.	fr.	fr.	par qal. mét.	pa
Plomb en masses ou saumons.....	49.585	66.833	54.629	77.416	73.969	95.601	99.731	111.036	62.115	95.081	45	4.278.645	5fr. 2c.	
— oxidé (litharge).........	1.937	1.429	2.260	1.786	1.848	1819	994	:.872	1.853	1.633	69	112.677	10 »	
— sulfuré (alquifoux)........	7.722	11.438	11.466	12.299	7.849	11.019	13.890	10.039	10.731	10.699	50	534.950	10 »	
Cuivre coulé en masses brutes....	21.044	47.494	48.574	46.408	37.411	60.405	36.387	41.795	42.880	43.990	200	8.799.800	des pays hors d'Europe 1 » des entrepôts 2 »	
— soit en plaques, soit en barres régulières pour le laminage...	73	27	14	»	»	»	»	49	28	12	240	2.880	40 »	
Zinc coulé en masses ou lingots pour la refonte..............	4.074	8.543	8.005	7.769	7.632	7.541	16.106	35.998	7.112	16.819	40	672.760	» 10	
— soit en plaques, soit en barres pour le laminage............	»	»	»	»	707	691	253	315	»	741		29.640	5 »	
Étain brut.....................	4.955	7.101	6.318	7.841	8.075	9.328	8.189	14.563	6.563	10.038	175	1.756.650	de l'Inde 2 » d'ailleurs 6 »	
Mercure coulant, ou vif-argent...	539	254	159	498	745	179	723	812	362	614	460	282.440	20 »	
Antimoine, tant sulfuré que métallique.....................	»	9	123	42	27	20	248	148	43	110	130	14.300	sulfuré 11 » métallique 26 »	
Bismuth..................... ..	»	40	10	14	14	6	13		16	9	300	2.700	comme étain	co
Arsenic métallique.............	»	104	25	32	78	78	20	80	40	64	150	9.600	17 »	
Manganèse oxidé...............	3.128	7.972	7.580	3.599	4.745	4.089	7.434	3.473	5.564	5.085	28	142.380	1 »	
Cobalt (minerai de)...........	»	»	»	»	»	»	»	17	»	4	12	48	5 »	
— métal......................	»	6	30	23	3	2	»	2	14	1	30	30	17 »	
— grillé (safre).............	»	42	23	48	17	16	26	17	28	19	450	8.550	5 »	
— vitrifié (azur)............	1.354	1.675	1.790	152	912	1.863	1.639	1.523	1.242	1.484	170	252.280	30 »	
Fonte en gueuse, pour moulage...	26,920	54.495	76.711	82.622	78.278	73.804	74.265	113.538	60.187	84.971	15	1.274.565	9 »	p par 4 à
Fer en barres..................	20.064	88.911	138.437	50.691	45.216	58.134	60.707	95.845	74.525	64.975	30	1.949.250	au charbon de bois 15 » à la houille 25 »	
Acier en barres, soit naturel, soit cémenté.....................	5.459	5.911	5.572	5.308	6.036	7.081	5.510	6.160	5.562	6.196	110	681.560	60 »	

…portées en France, pour la consommation intérieure, ou exportées de l'intérieur du Royaume,
…chacune des huit années 1819 à 1826.

Taux d'évaluation, des Douanes, en 1826, par qal. mét.	Valeur du Terme moyen d'importation annuelle, pour la 2e. période.	DROITS D'ENTRÉE, par Navires français.	DROITS D'ENTRÉE, par Navires étrangers, et par terre.	EXPORTATION. PREMIÈRE PÉRIODE. Années 1819.	1820.	1821.	1822.	DEUXIÈME PÉRIODE. Années 1823.	1824.	1825.	1826.	TERME MOYEN d'exportation pour une année, de 1819 à 1822.	de 1823 à 1826.	Taux d'évaluation, des Douanes, en 1826, par qal. mét.	Valeur du Terme moy. d'exportation annuelle, pour la 2e. période.	DROITS DE SORTIE.
fr.	fr.	par qal. mét.	par qal. mét.	qx. mét.	qx. mét.	qx. mét.	qx. mét.	qx. mét.	qx. mét.	qx. mét.	qx. mét.	qx. mét.	qx. mét.	fr.	fr.	par q. mét.
45	4.278.645	5fr. » c.	7fr. » c.	»	80	38	181	70	75	116	164	74	91	45	4.095	2fr. c.
69	112.677	10 »	11 »	»	45	30	48	100	90	163	99	30	113	69	7.797	» 25
50	534.950	10 »	11 »	»	146	308	337	289	242	410	305	197	311	60	18.660	
200	8.799.800	des pays hors d'Europe 1 » des entrepôts 2 »	4 »	»	147	186	305	63	208	231	140	159	160	200	32.000	2 »
240	2.880	40 »	44 »	»	»	»	»	»	9	»	93	»	25	240	6.000	
40	672.760	» 10	» 10	»	27	520	11	»	155	723	48	189	230	40	9.200	» 50
	29.640	5 »	5 50	»	»	»	»	38	2	»	30	»	17		680	
175	1.756.650	de l'Inde 2 » d'ailleurs 6 »	6 »	»	34	89	29	79	45	83	39	38	61	280	14.030	2 »
460	282.440	20 »	22 »	»	4	2	2	8	19	19	8	2	13	460	5.980	» 25
130	24.300	sulfuré 11 » métallique 26 »	12 10 / 28 60	»	147	85	141	84	405	275	195	93	239	130	31.070	1 »
300	2.700	comme étain	comme étain	»	»	2	1	»	»	»	»	1	»	»	»	
150	9.600	17 »	18 70	»	1	2	2	1	2	»	»	1	1	150	150	
28	142.380	1 »	1 10	»	398	550	956	283	635	805	553	476	509	20	11.380	
12	48	5 »	5 50	»	»	»	15	9	12	»	»	3	5	12	60	
30	30	17 »	18 70	»	»	»	2	»	»	»	»	»	»	»	»	
450	8.550	5 »	5 50	»	»	»	»	»	»	»	»	»	»	»	»	
170	252.280	30 »	33 »	»	246	2	4	11	7	14	12	63	11	170	1.870	
25	1.274.565	9 »	par mer 9 90 par terre, de 4 à 9 francs.	1.107	4.721	4.045	6.297	3.463	3.998	4.229	3.262	4.042	3.763	21	79.028	» 25
30	1.949.250	en charbon de bois 15 » à la houille 25 »	16 50 / 27 50	6.928	7.657	6.701	7.298	6.158	6.294	5.302	2.000	7.145	4.938	25	123.450	
[illegible]	681.5[illegible]	[illegible] »	65 [illegible]													

	qx. mét.	qx. mét.	qx. mét.	qx. mét.	qx. mét.	qx. mét.	qx. mét.	qx. mét.	qx. mét.	qx. mét.	fr.	fr.	par qal. mét.	pa
Plomb en masses ou saumons.....	49.685	66.833	54.629	77.416	73.969	95.601	99.731	111.026	62.115	95.081	45	4.278.645	5fr. »c.	
— oxidé (litharge)........	1.937	1.429	2.260	1.786	1.848	1.819	994	1.872	1.853	1.633	69	112.677	10 »	
— sulfuré (alquifoux)........	7.722	11.438	11.466	12.290	7.849	11.019	13.890	10.039	10.731	10.699	50	534.950	10 »	
Cuivre coulé en masses brutes....	21.044	47.494	48.574	46.408	37.411	60.406	36.387	41.795	40.880	43.999	200	8.799.800	des pays hors d'Europe 1 » des entrepôts 2 »	
— soit en plaques, soit en barres régulières pour le laminage...	73	27	14	»	»	»	»	49	28	12	240	2.880	40 »	
Zinc coulé en masses ou lingots pour la refonte............	4.074	8.543	8.065	7.769	7.632	7.541	16.106	35.998	7.112	16.819	40	672.760	» 10	
— soit en plaques, soit en barres pour le laminage............	»	»	»	»	707	691	253	315	»	741		29.640	5 »	
Étain brut....................	4.955	7.101	6.318	7.841	8.075	9.328	8.189	14.563	6.563	10.038	175	1.756.650	de l'Inde 2 » d'ailleurs 6 »	
Mercure coulant, ou vif-argent...	539	254	159	498	745	179	723	812	362	614	460	282.440	20 »	
Antimoine, tant sulfuré que métallique....................	»	9	123	42	27	20	248	148	43	110	130	14.300	sulfuré 11 » métallique 26 »	
Bismuth.................... ..	»	40	10	14	14	6	13		16	9	300	2.700	comme étain	co
Arsenic métallique............	»	104	25	32	78	78	20	80	40	64	150	9.600	17 »	
Manganèse oxidé.............	3.128	7.072	7.560	3.599	4.745	4.089	7.434	3.473	5.564	5.085	28	142.380	1 »	
Cobalt (minerai de)...........	»	»	»	»	»	»	»	17	»	4	12	48	5 »	
— métal.....................	»	6	30	23	8	2	»	2	14	1	30	30	17 »	
— grillé (safre).............	»	42	23	48	17	16	26	17	28	19	450	8.550	5 »	
— vitrifié (azur)............	1.354	1.675	1.790	152	912	1.863	1.639	1.523	1.242	1.484	170	252.280	30 »	
Fonte en gueuse, pour moulage...	26,920	54.495	76.711	82.622	78.278	73.804	74.265	113.538	60.187	84.971	25	1.274.565	9 »	pe… par 4 à…
Fer en barres.................	20.064	88.911	138.437	50.691	45.216	58.134	60.707	95.845	74.525	64.975	30	1.949.250	au charbon de bois 15 » à la houille 25 »	
Acier en barres, soit naturel, soit cémenté..................	5.459	5.911	5.572	5.308	6.036	7.081	5.510	6.160	5.562	6.196	110	681.560	60 »	
— fondu en lingots..........	1.368	754	1.120	855	742	864	997	996	1.024	899	200	179.800	120 »	1
	kil.	kil.	kil.	kil.	kil.	kil.	kil.	kil.	kil.	kil.	par kil.	*	par kil.	pe…
Or brut en masses, en lingots, et brisé.....................	2.234	1.108	1.302	3.644	1.801	4.758	4.566	6.612	2.072	4.434	3.091	13.705.494	2 50	
— monnoyé..................	9.479	11.237	6.089	10.367	22.465	28.270	25.832	14.381	9.293	22.737		70.280.067	» 10	
Argent brut en masses, en lingots, et brisé..................	2.646	12.671	146.217	345.369	170.242	237.743	157.807	122.462	126.725	171.938	197	33.871.786	» 05	
— monnoyé..................	258.352	356.818	478,925	378.748	466.719	484.042	627.950	419.100	368.210	499.452		98.392.044	» 01	
Platine.......................	»	»	»	37	76	21	134	302	9	133	3.000	399.000	2 50	

* Total de valeur des métaux bruts, importés, non compris Or, Argent et Platine................ 20.985.505 fr.
——— de l'Or, de l'Argent, et du Platine, importés................ 216.648.391

237.633.896

Voy. Lois et Ordo… sur les Dou…

fr.	fr.	par qal. mét.	par qal. mét.	qx. mét.	qx. mét.	qx. mét.	qx. mét.	qx. mét.	qx. mét.	qx. mét.	qx. mét.	qx. mét.	qx. mét.	fr.	fr.	par q. mét.
45	4.278.645	5fr. » c.	7fr. » c.	»	80	38	181	70	75	115	104	74	91	45	4.095	2fr. » c.
69	112.677	10 »	11 »	»	45	30	48	100	90	163	99	30	113	69	7.797	» 25
50	534.950	10 »	11 »	»	146	308	337	289	242	410	306	197	311	60	18.860	
200	8.799.800	des pays hors d'Europe 1 » des entrepôts 2 »	4 »	»	147	186	305	63	208	231	140	159	160	200	82.000	2 »
240	2.880	40 »	44 »	»	»	»	»	»	9	»	93	»	25	240	6.000	
40	672.760	» 10	» 10	»	27	520	11	»	155	728	43	139	230	40	9.200	» 50
	29.640	5 »	5 50	»	»	»	»	38	2	»	30	»	17		680	
175	7.756.050	de l'Inde 2 » d'ailleurs 6 »	8 »	»	34	89	29	70	45	83	39	38	61	280	14.080	2 »
260	282.440	20 »	22 »	»	4	2	2	8	19	19	8	2	13	460	5.980	» 25
130	14.300	sulfuré 11 » métallique 26 »	12 10 28 60	»	147	85	141	84	405	275	195	93	239	130	31.070	1 »
300	2.700	comme étain	comme étain	»	»	2	1	»	»	»	»	1	»	»	»	
150	9.600	17 »	18 70	»	1	2	2	1	2	»	»	1	1	150	150	
28	142.380	1 »	1 10	»	398	550	956	283	635	805	553	476	569	20	11.380	
12	48	5 »	5 50	»	»	»	15	9	12	»	»	3	5	12	60	
30	30	17 »	18 70	»	»	»	2	»	»	»	»	»	»	»	»	
450	8.550	5 »	5 50	»	»	»	»	»	»	»	»	»	»	»	»	
170	252.280	30 »	33 »	»	240	2	4	11	7	14	12	63	11	170	1.870	
15	1.274.565	9 »	par mer 9 90 par terre, de 4 à 9 francs.	1.107	4.721	4.045	6.297	3.463	3.998	4.229	3.362	4.042	3.763	21	79.028	» 25
30	1.949.250	au charbon de bois 15 » à la houille 25 »	16 50 27 50	6.928	7.657	6.701	7.296	6.158	6.294	5.302	2.000	7.145	4.938	25	123.450	
110	681.560	60 »	65 50	»	152	157	130	19	86	119	263	109	121	140	16.940	
200	179.800	120 »	128 50	»	9	1	4	»	»	9	10	3	4	200	800	
par kil.	*	par kil.	par kil.	kil.	kil.	kil.	kil.	kil.	kil.	kil.	kil.	kil.	kil.	par kil.	**	par kil.
3.091	13.705.494	2 50	250 »	123	755	4.468	3.813	16.480	16.141	22.458	24.216	2.289	19.823	3.091	61.272.893	2 50
	70.280.087	» 10	10 »	4.649	28.179	40.685	8.721	14.000	4.976	12.910	27.420	20.558	14.826		45.827.166	» 10
197	33.871.786	» 05	5 »	9.747	4.208	4.394	1.067	2.105	497	6.911	11.363	4.852	5.219	197	1.028.143	» 5
	98.392.044	» 01	1 »	374.675	260.812	159.966	88.894	60.309	90.446	119.880	63.808	221.086	83.610		16.471.170	» 01
3.000	399.000	2 50	250 »	»	»	»	61	»	16	»	»	15	4	»	12.000	2 50
.985 505 fr. .648.391	287.633.896	Voy. Lois et Ordonnances sur les Douanes.		**Total de valeur des métaux bruts, exportés, non compris Or, Argent, et Platine. 363.185 fr. ——— de l'Or, de l'Argent et du Platine, exportés.................. 124.611.372											124.974.557	V. Lois et Ordonn.

Des Métaux en France, page 24.

Consommation des métaux, en France.

D'après les tableaux qui précèdent, l'industrie manufacturière qui s'applique au travail des métaux nous paraît pouvoir être comparée avec elle-même, pour les deux époques indiquées, de 1822 et de 1826, ainsi que nous allons l'exposer:

En 1822, la quantité de plomb brut provenant des mines de la France (*voyez* page 9), était....... 4.790 q^{x}.m. Plomb.

La quantité de plomb brut importée, déduction faite de l'exportation, était, d'après le terme moyen de quatre années..... 62.041

TOTAL de plomb neuf...... 66.831 q^{x}.m.

A ce total de plomb neuf, il convient d'ajouter 10 pour 100 de la même quantité, afin de représenter le vieux plomb qui est employé par la refonte, d'après les faits recueillis dans plusieurs grands ateliers, ci.. 6.683

Total de plomb brut employé par l'industrie manufacturière, en 1822........... 73.514 q^{x}.m.

Dans ce calcul ne sont pas comprises les quantités de litharge et d'alquifoux, qui ont été importées: nous les considérons comme employées en cet état, par compensation de ce qu'il a été supposé que toute la litharge provenant des mines de la France était réduite en plomb.

En 1826, les mines de la France ont produit en plomb neuf........................ 6.453 q^{x}.m.

On a de plus importé, déduction faite des quantités exportées, d'après le terme moyen de quatre années............ 94.990

TOTAL de plomb neuf...... 101.443 q^{x}.m.

Il faut ajouter le dixième de ce total, pour vieux plomb à refondre, ci.......... 10.144

Total de plomb brut employé par l'industrie manufacturière, en 1826.......... 111.587 q^{x}.m.

Ainsi, depuis l'Exposition de l'année 1823, jusqu'à celle de l'année 1827, la quantité de plomb brut qui a été employée en France, par l'industrie manufacturière, s'est accrue de 38.073 quintaux métriques. Ce fait nous montre que l'activité des manufactures dans lesquelles on fabrique des ouvrages en plomb, tels que tables ou feuilles, et tuyaux, a éprouvé un accroissement considérable. On peut reconnaître une des principales causes de cet accroissement dans les nombreuses constructions d'édifices, qui ont eu lieu depuis quelques années, et dans le fréquent emploi du plomb pour la fabrication des produits chimiques, du cristal ou verre de plomb, de la céruse (ou du carbonate, dit blanc de plomb), et pour les conduits de l'éclairage par le gaz hydrogène.

Cuivre. Le travail du cuivre nous présente les faits que voici :

En 1822, les mines de la France produisirent en cuivre noir, 1.478 q^x. mét., quantité qui représente 1.256 quintaux métriques de cuivre-rosette (*voyez note* 2°., p. 10); mais nous considérons ici le cuivre noir, et non pas le cuivre-rosette, parce que, dans les quantités de ce métal qui sont importées en France, il se trouve beaucoup de cuivre qui est plus impur que le cuivre noir de France; tels sont notamment les cuivres du Pérou, et sur-tout les cuivres de Tokat, dans l'Asie-Mineure.

Ainsi, en 1822, le produit en cuivre des mines de France fut.		1.478 q^x. mét.
Pendant la même année 1822, on importa, déduction faite des quantités exportées, d'après le terme moyen de quatre années :		
Cuivre en masses brutes ou gâteaux.	40.721	40.749.
Cuivre en plaques ou barres régulières, destinées au laminage.	28	
Total de cuivre neuf.		42.227 q^x. mét.

Ci-contre. . .	42.227 q^x. mét.
A ce total il convient d'ajouter 20 pour 100 de la même quantité, pour le vieux cuivre qui est employé par la refonte, d'après ce qui a lieu dans plusieurs grands ateliers, ci.	8.444
Il en résulte que le total de cuivre brut, qui fut employé par l'industrie manufacturière, en 1822, est de.	50.671 q^x. mét.
En 1826, le produit des mines de la France, en cuivre brut, fut de.	1.640 q^x. mét.
L'importation de cuivre, tant en masses brutes qu'en plaques ou barres régulières, déduction faite des quantités exportées, comme ci-dessus, fut de.	43.826
TOTAL de cuivre neuf.	45.466 q^x. mét.
A quoi il faut ajouter 20 pour 100 de la même quantité, pour le vieux cuivre employé par la refonte, ci.	9.092
D'où l'on voit que le total de cuivre brut qui fut employé par l'industrie manufacturière, en 1826, fut de.	54.558 q^x. mét.

Ainsi, l'accroissement d'emploi du cuivre brut est de 3.887 quintaux métriques, depuis l'Exposition de 1823. On peut en conclure que l'activité des manufactures où l'on opère sur le cuivre brut s'est accrue dans le même rapport. Les états des douanes, pour l'année 1826, font voir que, depuis l'année 1822, l'exportation de cuivre laminé est plus que quadruple de ce qu'elle était alors. (*Voy. Tab.* N°. 4, p. 78.) La bonne qualité des produits français de ce genre est constatée, non-seulement en France, mais encore dans les pays étrangers.

Le zinc, ce métal que l'on regardait, il y a Zinc.

vingt ans, comme imparfait ou non malléable, est aujourd'hui fort employé dans plusieurs arts. Jusqu'à présent c'est des pays étrangers, que les fabriques françaises tirent cette matière première, quoique, dans plusieurs départemens, par exemple dans le Finistère et dans l'Isère, on se propose de mettre à profit, pour cet objet, les dépôts naturels de zinc sulfuré, ou *blende*, qui s'y trouvent en abondance.

En 1822, d'après le terme moyen de quatre années, l'importation du zinc, tant en masses ou lingots pour la refonte, qu'en plaques ou barres pour le laminage, déduction faite des quantités exportées, était de.. 6.973 qx. mét.
En 1826, cette importation annuelle, considérée de la même manière, est de.. 17.313

Ainsi, depuis l'Exposition de 1823, la quantité moyenne de zinc brut, qui est employée annuellement par l'industrie française, s'est accrue de 10.340 quintaux métriques. Pour juger des progrès que l'on a faits en France dans la fabrication du zinc laminé, il suffit de se rappeler qu'aujourd'hui plusieurs édifices publics sont couverts en zinc, à Saint-Lô, à Cherbourg, à Bourbon-Vendée, à Rouen et ailleurs. Outre que l'emploi du zinc laminé est devenu fréquent en France, le zinc brut à l'état métallique a remplacé, dans les fabriques de laiton, le zinc oxidé calamine, ce qui rend plus sûre et plus économique la composition de l'alliage connu sous le nom de laiton ou cuivre jaune. Aussi, voit-on, par les états des douanes, pour l'année 1826, que, depuis l'Exposition de 1823, l'importation annuelle du zinc oxidé calamine, qui était alors de 2.492 quintaux métriques, a diminué de 1.722 quintaux métriques.

On pourra remarquer sur le tableau qui précède, que si l'on comparait directement l'année 1822 avec l'année 1826, sans prendre le terme moyen des deux périodes de quatre années, comme il nous a paru plus convenable de le faire, l'accroissement d'emploi du zinc brut, dans les ateliers français, serait une quantité de 28.456 quintaux métriques, au lieu du nombre 10.340 qu'il nous paraît plus sûr d'admettre. Ici, nous n'ajoutons rien pour le métal vieux à refondre, parce que, dans les fabriques de ce genre, vu l'emploi récent du zinc, on refond tout au plus, en rognures de ce métal, 1 pour 100 de la quantité de zinc neuf, qui est employée annuellement.

Les quantités considérables de laiton et de bronze, qui sont annuellement fabriquées en France, proviennent, en grande partie, des quantités de cuivre indiquées ci-dessus. Les ateliers français ne tirent des pays étrangers, à l'état de métal brut, qu'environ 200 quint. mét., par année, de cet alliage de cuivre et de zinc, auquel on a donné le nom de cuivre jaune ou de laiton, et 1.000 quint. mét. de cet alliage de cuivre et d'étain, que l'on appelle bronze. C'est ce que font voir les états susmentionnés des douanes. L'emploi du laiton et du bronze étrangers, dans les ateliers français, est à-peu-près resté le même en 1826, qu'il était en 1822. D'après les données recueillies sur un grand nombre d'établissemens, on sait qu'en France il se fabrique annuellement 11.000 quint. mét. de laiton brut (*Annales des Mines de* 1818, p. 380). Ainsi, la quantité de laiton brut qui provient des pays étrangers (environ 200 quint. métr. par année) n'est que la cinquante-cinquième partie de la quantité qui se fabrique en France.

Laiton et Bronze.

Quant au bronze, le principal emploi de cet alliage métallique a lieu dans les trois fonderies royales de bouches à feu, qui sont en activité dans les villes de Douai, Strasbourg et Toulouse. Des renseignemens fournis par l'Administration de la guerre font voir que, dans ces trois fonderies, d'après le terme moyen des quatre années 1823 à 1826, on emploie annuellement les quantités suivantes de métal :

Vieux bronze, provenant,	
—— de bouches à feu.	2.572 q^x. mét.
—— de débris, jets, masselottes, etc..	3.514
Cuivre neuf.	633
Etain neuf.	110
TOTAL de bronze employé.	6.829 q^x. mét.
Dans les ateliers de la Marine, situés à Rochefort et à Toulon, on emploie annuellement pour la fabrication des pierriers, des espingoles, et de quelques autres objets, en bronze tant vieux que neuf, d'après des renseignemens fournis par cette Administration.	1.000
Dans la seule ville de Paris, 1.500 quintaux de cuivre tirés d'Allemagne ou de Suède sont employés, par année moyenne, pour la fabrication d'environ 1.800 quintaux métriques d'ouvrages en bronze, tels que pendules, candélabres, lustres, feux, galeries, petites statues, vases, curiosités et ornemens de toute espèce, non compris les cloches et timbres, ci.	1.800
(*Voyez Recherches statistiques sur la ville de Paris*, 1823, Tabl. N°. 87.)	
Quant aux autres ateliers qui emploient le bronze, tant à Paris que dans le reste de la France, soit pour la fonte des cloches	
A reporter. . .	9.629 q^x. mét.

Ci-contre. . .	9.629 q^x. mét.
ou timbres, soit pour la fabrication des pièces de machines et de divers autres objets, on estime que la consommation de cette matière n'y excède pas les deux tiers de ce qui est employé dans la seule ville de Paris pour les ouvrages d'ornement susmentionnés, ci.	1.200
TOTAL	10.829 q^x. mét.

Ainsi, l'on est porté à croire que la quantité de bronze qui est annuellement employée en France s'élève à 10.829 quintaux métriques. Sur cette quantité, il n'y a qu'environ la onzième partie, c'est-à-dire 1.000 quintaux métriques, qui provienne des pays étrangers; le surplus est un produit de l'industrie française.

Un fait digne de remarque prouve combien, dans ce genre d'industrie, la valeur de la matière première est augmentée par la main-d'œuvre: dans la seule ville de Paris, la vente moyenne de 1.800 quintaux métriques d'objets fabriqués en bronze, dont une partie est dorée ou argentée, s'élève annuellement à une somme de 5.250.000 fr., tandis que la valeur ordinaire de 1.800 quint. mét. de bronze brut ne serait que de 540.000 fr. (*Voyez Recherches statistiques sur la ville de Paris*, 1823, *Tableau* N°. 87.)

Les recherches de minerais d'étain que l'on a entreprises, en France, dans les départemens de la Haute-Vienne et de la Loire-Inférieure, n'ont encore procuré que de faibles produits. C'est le commerce avec l'Inde, l'Angleterre et l'Allemagne, qui fournit ce métal aux fabriques françaises. Étain.

Le tableau qui précède fait voir que, depuis l'Exposition de 1823, la quantité d'étain neuf qui est annuellement employée en France s'est accrue de 3.462 quintaux métriques, d'après le terme moyen que nous adoptons. A cette quantité il convient d'ajouter au moins 10 pour 100, afin de représenter l'étain vieux qui est employé par la refonte. Ainsi, en 1826, l'industrie manufacturière a consommé en France 3.808 quintaux métriques d'étain, de plus qu'elle n'en consommait en 1822. On trouve une des principales causes de cet accroissement dans l'activité plus grande des fabriques de fer-blanc, des manufactures de glaces, ou de faïence, des ateliers d'étamage, ou de teinture, et des fabriques, soit de bronze, soit d'ouvrages en étain, tels que vases ou comptoirs pour les marchands de vin, et ustensiles de ménage.

Mercure. C'est des pays étrangers, que provient la quantité de mercure qui est employée en France, tant pour l'étamage des glaces, que pour l'amalgamation de l'or et de l'argent, pour la fabrication des instrumens de physique, pour les appareils de chimie, pour les préparations de la pharmacie, ainsi que pour divers autres besoins des arts.

D'après le tableau qui précède, on voit que, depuis l'année 1822, la consommation de mercure s'est accrue, en France, de 241 quintaux métriques par année moyenne. Une des causes de cet accroissement consiste dans l'affinage des matières d'or, d'argent et de cuivre. C'est une nouvelle branche d'industrie pour le département de la Seine, où elle ne prit naissance qu'en 1820. On consomme annuellement à Paris, pour cet objet, 30 quint. mét. de mercure, avec 2.650 quint. mét. d'acide sulfurique, et 35 quint. mét. de nitrate de potasse. On y affine, par année moyenne, 360 quint. mét. d'or, 1.300 quint. mét. d'argent, et 500 quint. mét. de cuivre.

De l'emploi de ces diverses matières, il résulte les produits ci-après :

Or fin, 306 quint. mét. 64 kil., valant, au prix de 3.424 fr. 44 c. le kil.	105.313.668 fr.
Argent fin, 1.161 quint. mét. 50 kil., valant, au prix de 218 fr. 89 c. le kil. . . .	25.424.073
Sulfate de cuivre, 1.570 quint. mét., valant, au prix de 90 c. le kil.	141.300
Acide noir, que l'on ramène à l'état d'acide sulfurique par la concentration, 1.300 quint. mét. valant, au prix de 17 c. le kil.	22.100
VALEUR totale	130.901.141 fr.

(*Voy. Recherches statistiques sur la ville de Paris*, 1826, *Tableau* N°. 125.)

D'un autre côté, les états des douanes font voir que l'importation du mercure sulfuré, ou vermillon, qui, en 1822, était de 85 quintaux métriques, a diminué en France de 54 quint. métr., depuis l'Exposition de 1823, où l'on remarquait du vermillon français de la plus belle qualité. (*Voyez Rapport sur les produits métallurgiques exposés en* 1823, *Annales des Mines, Paris*, 1823.)

On sait que, pour la fabrication des caractères d'imprimerie, l'antimoine est allié avec le plomb dans la proportion de 20 pour 100, et que divers oxides d'antimoine sont employés, soit dans la pharmacie, soit dans la peinture sur porcelaine. Antimoine.

3

D'après le Tableau N°. 1 et l'annotation 3°. qui l'accompagne, les mines de la France en 1826 ont produit, de moins qu'en 1822, environ 48 quintaux métriques d'antimoine, considéré à l'état métallique. Mais dans le tableau N°. 2, ainsi que dans les états des douanes dont il offre l'extrait, l'antimoine métallique se trouve confondu avec l'antimoine cru; il convient cependant, pour notre objet, d'établir une distinction entre ces matières. Voici comment nous y parvenons : le prix de l'antimoine cru est communément de 70 fr. par quintal métrique, le prix moyen de l'antimoine-régule étant de 220 fr. Or, dans les états des douanes, le taux d'évaluation des deux sortes considérées ensemble est porté à 130 francs par quintal métrique; on peut en induire que, dans les quantités d'antimoine qui sont énoncées par les états des douanes, les 0,6 du total sont de l'antimoine cru, et les 0,4 sont de l'antimoine métallique.

Ainsi, l'on peut admettre que le terme moyen d'importation des deux sortes d'antimoine, d'après deux périodes, chacune de quatre années, fut,

En 1822,	pour l'antimoine cru. . . .	26 q^x. mét.
	pour l'antimoine métallique	17,
En 1826,	pour l'antimoine cru. . . .	66
	pour l'antimoine métallique	44,

Et que le terme moyen d'exportation fut,

En 1822,	pour l'antimoine cru.	56
	pour l'antimoine métallique.	37,
En 1826,	pour l'antimoine cru.	143
	pour l'antimoine métallique.	86.

Il en résulte que, dans chacune des deux périodes de quatre années, l'exportation des deux sortes d'antimoine a été plus forte que l'importation, et que, dans la seconde période, la différence à l'avantage de l'exportation a été plus forte que dans la première.

Si l'on réduit, par le calcul, l'antimoine cru, ou le sulfure fondu, en antimoine métallique ou régule, à raison de 0,45, on trouve que l'excès de l'exportation sur l'importation fut représenté,

En 1822, par 33,5 quint. mét. d'antimoine métallique,
En 1826, par 76,55.

Si des quantités produites par les mines de France (*voyez ci-dessus*, p. 11), on retranche, pour 1822 et 1826, les excès correspondans de l'exportation sur l'importation, on trouve que la quantité d'antimoine métallique, employée par l'industrie française, fut,

	quint. mét.
En 1822, de. . .	426, 85
1826.	336, 10;
Différence en moins. . .	90, 75.

Ainsi, depuis l'année 1823, la quantité de ce métal, qui est annuellement consommée dans les ateliers français, paraît avoir diminué de 90 qx. m. $\frac{3}{4}$.

Le bismuth, métal que l'on allie, tantôt avec l'étain, tantôt avec l'or, et dont les oxides sont employés, soit dans la fabrication des émaux et du verre, soit dans la préparation du fard, soit dans la dorure sur porcelaine, se trouve en France, Bismuth.

dans les mines de plomb du Finistère et ailleurs, par exemple dans les Pyrénées; mais on ne l'y exploite pas, et la quantité peu considérable de bismuth qui est employée par l'industrie française provient en général des pays étrangers. D'après notre Tableau N°. 2, il paraît que, depuis l'année 1822, la consommation annuelle du bismuth a diminué de 6 q^x. m. pour toute la France. Cependant, on sait que ce métal entre dans la composition des alliages fusibles avec lesquels on fabrique, depuis quelque temps, des rondelles de sûreté pour les machines à vapeur; mais ce nouveau genre d'industrie n'emploie, jusqu'à présent, à Paris, que 1,q.m.2 de bismuth par année.

Arsenic. L'arsenic, dont le nom rappelle trop souvent des crimes, est mis à profit dans l'art de la verrerie, et dans la composition des couleurs dites orpiment et réalgar (arsenic sulfuré, jaune ou rouge). Nous avons déjà indiqué (Tableau N°. 1) le faible produit des mines de la France en arsenic. C'est en général des pays étrangers, que l'industrie française tire cette matière. D'après les tableaux qui précèdent, en 1826 on employa, de plus qu'en 1822, une quantité de 74 quintaux métriques d'arsenic à l'état de métal. Dans ce nombre ne sont pas compris les sulfures jaunes ou rouges que la France tire de l'Allemagne, et le sulfure jaune-doré dont la plus belle qualité vient de la Chine et de la Perse. L'importation de ces diverses matières, pour la consommation intérieure du royaume, fut, en 1826, de 127 quintaux métriques, et l'exportation, seulement de 11. (*Voyez le Tableau ci-après,* N°. 4.)

Le manganèse oxidé, dont on fait usage soit dans l'art de la verrerie, tantôt pour blanchir le verre, tantôt pour le colorer en violet, soit dans les arts chimiques pour la préparation du chlore, ou des chlorures, et pour le blanchîment des toiles, est exploité en France avec plus d'activité qu'il ne l'était en 1822. Nos Tableaux, Nos. 1 et 2, font voir que, depuis cette époque, la consommation du manganèse s'est accrue de 5.178 quintaux métriques dans les ateliers français, et que par conséquent elle est presque doublée. On reconnaît la cause de cette différence dans l'activité croissante des fabriques. Manganèse.

Le cobalt, que l'on emploie, soit à l'état de minerai, ou d'oxide nommé *safre*, dans l'art de la verrerie et dans la peinture sur porcelaine, pour colorer en bleu, soit à l'état de cobalt vitrifié en poudre, connu sous le nom d'*azur*, dans l'apprêt des toiles, se trouve en plusieurs contrées de la France, notamment à Sainte-Marie (Haut-Rhin), à Allemont (Isère) et dans la vallée de Luchon, au milieu des Pyrénées; mais ce genre d'exploitation n'y est pas en activité. C'est des pays étrangers, que l'industrie française tire la quantité de cobalt qui lui est nécessaire. Cobalt.

L'importation du cobalt en France comprend quatre sortes, d'après les états des douanes :

1°. Le minerai brut, dont le plus estimé vient de Tunaberg, en Suède (cobalt gris, éclatant) ;

2°. Le *cobalt-métal*, dont la dénomination indique, à ce qu'il paraît, tantôt un minerai de cobalt d'un aspect métallique, tantôt l'arsenic écailleux que l'on appelle cobalt dans le commerce, tantôt enfin, un certain alliage ou précipité de cobalt et d'autres métaux, qui provient des fabriques où l'on prépare le verre bleu, et que l'on nomme en allemand *Kobolt-speise;*

3°. Le minerai grillé, ou l'oxide de cobalt, mêlé avec du sable pur, matière nommée *safre;*

4°. Le cobalt vitrifié en poudre bleue, dit *azur*.

D'après notre Tableau N°. 2, ce dernier objet d'importation est le plus considérable. On y voit que la quantité de cobalt vitrifié, qui est employée par l'industrie française, a été, en 1826, plus forte de 294 quintaux métriques qu'elle ne l'était en 1822, suivant le terme moyen de quatre années. Cet accroissement prouve l'activité des ateliers français qui font usage du cobalt vitrifié, dit azur, dans l'apprêt des toiles et dans les arts qui s'y rapportent.

Fonte de fer. Le fer est de tous les métaux celui sur lequel l'industrie française s'exerce avec le plus d'ardeur. Pour mesurer l'importance de la fabrication du fer en France, sans risquer de faire aucun double emploi dans nos calculs, nous considérons séparément les trois objets que voici :

1°. La quantité de fonte brute de fer, qui est convertie en fonte moulée;

2°. Le fer en barres provenant de la quantité de fonte qui n'est destinée ni au moulage, ni à la fabrication de l'acier, et le fer obtenu directement des minerais dans les forges catalanes;

3°. La quantité d'acier brut, soit naturel, soit cémenté, soit fondu, qui provient de fonte brute ou de fer, non compris dans le calcul des deux autres produits susénoncés (1°. et 2°.).

D'après les tableaux qui précèdent, on peut admettre qu'aux deux époques de 1822 et de

1826, que nous comparons entre elles, la quantité de fonte brute de fer, que l'on employa en France pour la fabrication d'ouvrages en fonte moulée, fut telle qu'il suit :

En 1822, d'après le terme moyen de quatre années, les usines à fer de la France consommèrent les quantités ci-après de fonte brute,

1°. Pour produire de la fonte moulée immédiatement, c'est-à-dire, par première fusion, au sortir des hauts-fourneaux, environ. . . . . 150.000 q^x. mét.

2°. Pour produire de la fonte moulée de seconde fusion, une quantité de. . . . 56.145
qui est le terme moyen d'importation de quatre années, d'après notre Tableau N.° 2.

Total. . . . . 206.145 q^x. mét.

(*Voyez Annales des Mines*, de 1820, pag. 50.)

3°. A ce total il convient d'ajouter un dixième de la même quantité, afin de représenter l'emploi de la vieille fonte à refondre, ci. 20.614

Total de fonte brute employée en 1822 pour fabrication d'ouvrages en fonte moulée. 226.759

En 1826, les quantités obtenues de fonte moulée furent, ainsi que nous l'avons déjà vu :

Pour la fonte moulée de première fusion. 256.065

Pour la fonte moulée de seconde fusion 122.121

Total de fonte moulée. . . . . . 378.186 q^x. mét.

De ces deux quantités, la première est un produit des mines et minières de la France. (*Voy.* p. 8.) Quant à la seconde, on peut admettre qu'elle résulte de ce que l'on a employé, pour obtenir de la fonte moulée de seconde fusion, les quantités de matières ci-après :

1°. Toute la fonte importée en 1826, déduction faite de l'exportation (*voy. Tableau* N°. 2), ci..................	110.000 q^{x}. mét.
2°. Une certaine quantité de vieille fonte, ou de fonte prise sur des approvisionnemens antérieurs à 1826, ci.. . . .	25.000
TOTAL de fonte brute employée pour la fonte moulée de seconde fusion.	135.000 q^{x}. mét.
qui, à raison d'un déchet de 10 pour 100, produisent la quantité susénoncée de fonte moulée de 2e. fusion (122.121 q. m.)..	
En ajoutant au total ci-dessus celui de la fonte moulée de première fusion, ci. .	256.065
On voit que la quantité de fonte brute employée en 1826, pour la fabrication d'ouvrages en fonte moulée, fut de....	391.065 q^{x}. mét.

Ainsi, depuis l'année 1822, cette consommation de fonte s'est accrue de 164.306 quintaux métriques. Les seules fonderies du département de la Seine emploient actuellement, pour cet objet, 48.403 quintaux métriques de fonte brute par année, et fournissent 44.172 quintaux métriques de fonte moulée de seconde fusion.

Fer. Dans les deux années que nous considérons, la quantité de fer en barres, qui provint soit de l'emploi de la fonte brute pour fer, soit des forges catalanes, fut telle qu'il suit:

En 1822, le produit moyen des forges de la France était,

1°. Fer en barres, provenant de fonte française, affinée au charbon de bois...	618.540 q^x. mét.
2°. Fer obtenu dans les forges dites catalanes, par le moyen du charbon de bois.....................	93.470
TOTAL..............	712.010 q^x. mét.
A la même époque, le terme moyen d'importation du fer en barres, déduction faite de l'exportation, était, d'après notre Tableau N°. 2, une quantité de	67.380
Ainsi, le total de fer en barres, employé par l'industrie française en 1822, était de	779.390 q^x. mét.

(*Voyez Rapport et Mémoire déjà cités, Annales des Mines, de* 1820, p. 51, *et de* 1826, p. 358.)

En 1826, on a obtenu dans les forges de la France, d'après les états de produits susmentionnés, les quantités ci-après :

1°. Fer en barres provenant de fonte française, ou de vieille ferraille, affinée au charbon de bois.		960.710 q^x. mét.
(*Voy. ci-dessus, page* 17.)		
Ce nombre résulte, 1°. du produit des mines et minières de la France, pour 805.347 quint. mét. de fer provenant de 1.167.754 quint. mét. de fonte obtenue en 1826, ci.	805.347;	
2°. d'une quantité de 75.000 quint. mét. de fer provenant d'environ 100.000 quint. mét. qui ont été pris, tant sur des approvisionnemens antérieurs à 1826, que sur les ventes extraordinaires de vieille fonte qui ont eu lieu à cette époque	75.000;	
3°. d'une quantité de 80.363 quint. mét. de fer provenant		
A reporter.	880.347	960.710 q^x. mét.

De l'autre part.	880.347	960.710 q^x^. mét.
d'environ 100.750 quint. mét. de vieille ferraille, qui ont été employés, outre la fonte de France, dans les feux d'affineries allant au charbon de bois, ci.	80.363;	
TOTAL égal.	960.710.	
2°. Fer provenant de fonte affinée à la houille.		400.370,
et Fer provenant de vieille ferraille, *idem*.		26.000;
3°. Fer obtenu dans les forges catalanes, par le moyen du charbon de bois.		93.000;
TOTAL.		1.480.080.
A quoi il faut ajouter le terme moyen d'importation du fer en barres, déduction faite de l'exportation, d'après notre Tableau N°. 2, ci.		60.037.
Il en résulte que le total de fer en barres employé par l'industrie française, en 1826, fut de.		1.540.117 q^x^. mét.

Ainsi, l'industrie française s'est exercée, en 1826, sur une quantité de fer, qui est plus forte de 760.727 quintaux métriques, qu'elle ne l'était en 1822; en d'autres termes, la quantité de fer employée par l'industrie française est presque doublée depuis quatre ans. Cet accroissement est dû, pour plus de moitié, à la fabrication du fer affiné par le moyen de la houille, et façonné au laminoir. On sait que ce procédé, qui n'a commencé à s'introduire en France qu'en 1821, ne s'y est complétement naturalisé que depuis l'Exposition de 1823. Aujourd'hui, la France possède environ quarante de ces établissemens que l'on nommait forges à l'anglaise, et qui désormais pourront aussi être appelés forges françaises. (*Voyez Mémoire déjà cité de* 1826, p. 360, *Tableau* N°. 3.)

Depuis quelques années, la fabrication de l'acier, soit naturel, soit cémenté, soit fondu, s'est progressivement accrue en France avec une telle activité, qu'aujourd'hui l'on fabrique de l'acier dans seize départemens, et que le produit annuel, en ce genre de matière première, s'élève à un total qui est moitié en sus de ce qu'il était en 1822. C'est ce que font voir les renseignemens présentés ci-dessus. (*Voy.* p. 19.) Acier.

En 1822, on estimait, ainsi que nous l'avons déjà vu (Tabl. N°. 1), que les ateliers de la France produisaient annuellement en acier, tant naturel que cémenté et fondu, une quantité totale de . . . . 55.800 q^x. mét.

A la même époque, le terme moyen d'importation de l'acier fut, d'après notre Tableau N°. 2,

Acier forgé, comprenant l'acier naturel et l'acier cémenté.	5.453 q^x. mét.	6.474.
Acier fondu.	1.021	

Il en résulte qu'en 1822 la quantité d'acier, employée en France, fut de. . . . . 42.274 q^x. mét.

En 1826, la fabrication de l'acier des trois sortes énoncées s'est élevée, comme nous venons de le voir (Tabl. N°. 1), à une quantité de. . . . . 54.853 q^x. mét.

Dans la même année 1826, le terme moyen d'importation de l'acier fut, d'après notre Tableau N°. 2,

Acier forgé, tant naturel que cémenté.	6.075	6.970.
Acier fondu.	895	

D'où l'on voit que la quantité d'acier employée en France fut, en 1826, de. . . . . 61.823 q^x. mét.

Ainsi, depuis quatre ans, 1°. la fabrication de l'acier naturel s'est accrue en France de plus de moitié en sus de ce qu'elle était en 1822; 2°. la fabrication de l'acier cémenté s'est accrue d'un tiers en sus de ce qu'elle était alors; 3°. la fabrication de l'acier fondu s'est accrue de plus de moitié en sus de ce qu'elle était à la même époque; 4°. enfin, l'industrie française emploie annuellement 19.549 quintaux métriques d'acier, de plus qu'elle n'en consommait il y a quatre ans. C'est presque moitié en sus de la quantité d'acier des trois sortes, que la France consommait à l'époque de l'Exposition de 1823.

On reconnaît les causes de cette différence dans l'accroissement du nombre des fabriques où l'industrie s'exerce sur les trois sortes d'acier, dans l'emploi beaucoup plus fréquent de cette matière, et dans les nombreux ouvrages en acier, que réunit l'Exposition de 1827, ainsi que nous le verrons dans la seconde partie de ce Rapport.

Or et Argent.

Après avoir considéré les quantités de métaux communs, qui sont annuellement employées en France, par l'industrie manufacturière, jetons un coup-d'œil comparatif sur les métaux que l'on nomme précieux : tels sont l'or, l'argent et le platine.

Les quantités d'or et d'argent sur lesquelles s'applique le travail, dans les ateliers français, proviennent des pays étrangers, à l'exception d'un faible produit en argent, qui résulte, en France, de l'exploitation des mines de plomb. (*Voyez Tableau* N°. 1, p. 8.)

Le produit en argent indigène a été :

En 1822, un total de 1.088 kilogrammes,
En 1826, ——— 1.162.

Sur notre Tableau N°. 2, on voit que le terme moyen de l'importation annuelle de l'or, en France, tant pour l'or brut en masses, en lingots, et pour l'or brisé, que pour l'or monnayé, fut,

En 1822, d'après la moyenne de quatre années, 11.365 kil.
En 1826, *idem*, ——— 27.171.

L'exportation de l'or, aux mêmes époques, fut,

En 1822, d'après la moyenne de quatre années, 22.847,
En 1826, *idem*, ——— 34.649.

Ainsi, le rapport de l'importation à l'exportation de l'or était,

En 1822, comme 100 est à 201,02,
En 1826, comme 100 est à 127,52;

D'où il suit que l'exportation relative de ce métal précieux a diminué d'environ trois huitièmes.

On pourra s'étonner de voir que, depuis l'année 1819, la France, qui ne produit pas d'or, en exporte cependant plus qu'elle n'en reçoit par l'importation; mais il ne faut pas perdre de vue, que l'excès de l'exportation sur l'importation de l'or est couvert, et au-delà, par l'excès de l'importation sur l'exportation de l'argent, ainsi que nous allons le faire remarquer, d'après le Tableau N°. 2.

Relativement à l'argent, ce tableau nous indique, pour terme moyen d'importation, déduction faite de l'exportation,

En 1822, d'après la moyenne de quatre années, 268.997 kil.
En 1826, *idem*, ——— 582.561.

Si l'on ajoute à ces dernières quantités le produit susénoncé des mines du royaume, on voit que, dans les deux années dont il s'agit, la quantité d'argent qui est entrée dans la circulation, en France, a été,

En 1822, d'après la moyenne de quatre années, 270.085 kil.
En 1826, *idem*,——— 583.723.

Dans les tableaux des douanes, on admet généralement que l'or, tant à l'entrée qu'à la sortie, et tant brut que monnayé, est à 0,9 de fin, et que le kilogramme de ce métal vaut 3.091 fr. Pour l'argent considéré de même, on admet une valeur de 197 fr. par kilogramme.

En appliquant ces valeurs aux quantités d'or et d'argent qui sont portées sur notre Tableau N°. 2, on trouve les résultats suivans :

Pendant la période des quatre années 1819 à 1822,
L'importation fut,

Or brut........	8.288	kilog. valant	25.618.208 fr.
— monnayé.	37.172	—	114.898.652
Argent brut.....	506.903	—	99.859.891
— monnayé	1.472.843	—	290.150.071

VALEUR totale de l'or et de l'argent importés en France pendant ces quatre années.................. 530.526.822 fr.

L'exportation fut,

Or brut........	9.159	kilog. valant	28.310.469
— monnayé.	82.234	—	254.185.294
Argent brut.....	19.411	—	3.823.967
— monnayé..	884.347	—	174.216.359

VALEUR totale de l'or et de l'argent exportés de France pendant ces quatre années.................. 460.536.089 fr.

Ainsi, pendant les quatre années 1819 à

1822, la différence fut à l'avantage de l'importation des deux métaux précieux, considérés ensemble, et cette différence fut une somme de 69.990.733 fr., dont le terme moyen, pour chacune des quatre années, offre une valeur de 17.497.683 fr.

Pendant la période des quatre années 1823 à 1826,
L'importation fut,

Or brut........	17.737 kilog. valant	54.825.067	fr.
— monnayé.	90.948 ————	281.120.268	
Argent brut.....	687.754 ————	135.487.538	
— monnayé.	1.997.811 ————	393.568.767	

Valeur totale de l'or et de l'argent importés en France pendant ces quatre années. . . . . 865.001.640 fr.

L'exportation fut,

Or brut..........	79.295 kilog. valant	245.100.845	fr.
— monnayé..	59.306 ————	183.314.846	
Argent brut.....	20.876 ————	4.112.572	
— monnayé..	334.443 ————	65.885.271	

Valeur totale de l'or et de l'argent exportés de France pendant ces quatre années. . . . . 498.413.534 fr.

Il en résulte que, pendant les quatre années 1823 à 1826, la différence à l'avantage de l'importation des deux métaux précieux fut une somme de 366.588.106 fr., dont le terme moyen, pour chacune des quatre années, offre une valeur de 91.647.026 fr.

En comparant ce terme moyen avec celui que nous avons calculé ci-dessus, pour la période précédente, on voit que, par année moyenne, il entre actuellement en France pour 74.149.343 fr. d'or et d'argent, de plus qu'il n'en entrait en 1822, après déduction faite de la quantité de ces métaux précieux qui sort du royaume.

Sans prétendre assigner toutes les causes de ce fait, qui indique un accroissement de prospérité, remarquons seulement que, parmi ces causes nombreuses et variées, on doit compter les progrès de l'industrie française.

Le travail qui s'applique à la consommation des matières d'or et d'argent comprend l'orfévrerie, la bijouterie, tous les arts variés qui font un usage quelconque de ces métaux précieux, et le monnayage. Commençons par considérer les diverses fabriques où l'on emploie l'or et l'argent; nous passerons ensuite aux hôtels des monnaies.

Un extrait des comptes du bureau de garantie, concernant les matières d'or et d'argent, nous offre les faits que voici :

Pour la fabrication d'ouvrages en métaux précieux, on employa en 1822,

Dans le seul département de la Seine,

Or. 1.867,kil.9
Argent. 44.775, 73

Dans tous les autres départemens,

Or. 1.095,kil.43
Argent. . . . . 13.261, 79.

En 1826, on employa, pour les mêmes objets,

Dans le seul département de la Seine,

Or. 2.531,kil.9
Argent. 47.414, 83

Dans tous les autres départemens,

Or. 1.150,kil.1
Argent. . . . . 14.605, 1.

Si l'on compare ces nombres entre eux, on reconnaît un accroissement de fabrication, tant à Paris que dans les autres départemens, et tant à l'égard de l'or qu'à l'égard de l'argent, mais principalement à l'égard de l'or.

En effet, on employa dans toute la France, pour la fabrication des ouvrages d'Or,

En 1822, . . . 2.963$^{kil.}$, 33 de ce métal,
En 1826, . . . 3.682, »;

Pour la fabrication des ouvrages d'Argent,

En 1822, . . . 58.037$^{kil.}$,49 de ce métal,
En 1826, . . . 62.019, 9.

Ainsi, l'accroissement de la consommation annuelle de ces métaux précieux, dans les diverses fabriques, a été pendant chacune des quatre dernières années,

Pour l'Or, de. . . . 718$^{kil.}$,67,
Pour l'Argent, de. . 3.982, 41.

Outre ces masses d'or et d'argent, on consomme des quantités, peu considérables, de ces deux métaux pour la formation des lingots de tirage, qui sont des barres de cuivre recouvertes d'or ou d'argent, et pour la confection du plaqué, qui n'est pas soumis au droit de garantie.

On a fabriqué en lingots de tirage, dans toute la France, principalement à Lyon et à Trévoux,

En 1822, ... 11.184 kil.
dont à Paris seulement. . . 385 kil.;
En 1826, ... 9.908
dont à Paris. . . . . 309.

D'après la loi du 9 novembre 1797 (19 brumaire an VI), le droit de garantie est réglé :

Pour les ouvrages d'Or, à. . . . 200 fr. par kilog.
Pour les ouvrages d'Argent, à. . 10
Pour les lingots de tirage, à. . . 0,82 c.

Le produit total de ce droit, y compris le décime en sus, a été :

En 1822, pour le département de la Seine, .	903.827	fr.
— pour tous les autres départemens,	396.630	
Total pour toute la France, ...	1.300.457	fr.
En 1826, pour le département de la Seine, .	1.078.878	fr.
— pour tous les autres départemens,	422.371	
Total pour toute la France, ...	1.501.249	fr.

On voit donc que, dans la fabrication des ouvrages d'or et d'argent, le seul département de la Seine a fourni, en 1822, les 0,695, et en 1826, à peu près les 0,719 du produit total de la France. Ce résultat indique un accroissement progressif d'activité pour la ville de Paris, relativement à toutes les professions qui emploient l'or ou l'argent, soit d'une manière spéciale, comme les bijoutiers, les orfèvres, les horlogers, les garnisseurs, les guillocheurs, etc., soit d'une manière accessoire, comme les couteliers, les armuriers, les fabricans de plaqué, les tireurs d'or, et autres. En 1821, d'après une année moyenne, la fabrication des ouvrages d'or et d'argent était déjà, dans le département de la Seine, les 0,666 de celle qui avait lieu dans toute la France, ainsi qu'on le voit par les *Recherches statistiques sur la ville de Paris*, 1823 (*Tableau* N°. 85).

D'après le même recueil de faits, la plus grande partie de l'or employé dans les diverses fabriques est au titre de 0,750, et du prix de 644 francs le marc, tandis que la plus grande partie de l'argent, employé de même, est au titre de 0,950, et du prix de 52 fr. le marc, d'où il suit que la valeur du kilogramme d'or est de 2.631 fr. 25 c., et la valeur du kilog. d'argent de 212 fr. 46 c.

Quant au monnayage des métaux précieux, les comptes généraux de l'Administration des finances, publiés pour les années 1822 et 1826, nous font voir que, dans les treize hôtels des monnaies, qui sont en activité en France, on a employé, pour la fabrication du numéraire, les quantités que voici :

	kil.
En 1822, Or fin, y compris le déchet. . valant. . 3.444 fr. 44 cent. le kil.	269,12
— Argent fin, y compris le déchet. valant. . . 222 fr. 22 cent. le kil.	403.538,79
En 1826, Or fin, y compris le déchet. .	1.372,48
— Argent fin, y compris le déchet.	454.779,81.

Nous savons de plus, par les comptes de la Monnaie royale des médailles, que dans les deux années 1822 et 1826, pendant lesquelles la fabrication des pièces d'or a été moindre qu'à certaines autres époques, et notamment qu'en 1825, cet établissement a cependant employé les quantités ci-après indiquées :

En 1822, outre 1.383k,47 de bronze, et 3k,54 de platine,
Or. . . 15, 07, valant 3.170 fr. le kilogr.
Argent.. 814, 50, valant 220 ——— ;

En 1826, outre 942k,79 de bronze, et 2k,76 de platine,
Or.. . . . 13, 11
Argent. . 957, 17.

En appliquant à ces différentes quantités de métaux les valeurs qui leur correspondent, d'après les différens titres susénoncés, on peut calculer que, dans toute la France, il a été employé par année moyenne, tant pour les ateliers d'orfévrerie, de bijouterie et autres, que pour la fabrication des monnaies et des médailles, les quantités d'or et d'argent ci-après :

En 1822, Or. . .	3.247kil.,52 valant.		8.772.001 fr.
— Argent.	462.390, 78		102.184.225
		Valeur totale. . .	110.956.226 fr.
En 1826, Or.. . .	5.067, 59		14.457.246
— Argent.	517.756, 88		114.448.494
		Valeur totale. . .	128.905.740 fr.
	Différence en plus pour 1826. .		17.949.514

Platine. Une grande quantité de minerai de platine fut importée en France pendant l'année 1813; mais dix ans après, en 1823, les produits de cette importation se trouvèrent épuisés, tant par l'emploi qui en avait été fait en France pour la fabrication d'ouvrages en platine, que par l'exportation à l'étranger.

En 1822, on importa en France

Platine en lingots. 37kil.,40;

—— on exporta

Platine en lingots. . . . . 61 ,56

Et de plus 4kil.,6 de minerai.

Différence en faveur de l'exportation . . . . 24kil.,16.

En 1826, d'après le terme moyen de quatre années, on importa en France, pour la consommation intérieure, déduction faite de l'exportation,

Platine en lingots. . . . . 129kil.»

Ainsi, l'on est porté à croire que l'industrie

manufacturière emploie en France, par année moyenne, environ 1 quint. métr., 29 kil. de platine à l'état métallique, valant à raison de 27 fr. 50 c. l'once (ou 898 fr. 98 c. le kilogr.), 115.968 fr. 42 c.

D'après tout ce qui précède, on peut calculer que la valeur totale des métaux bruts qui furent employés en France, pendant l'année 1826, se composa des valeurs partielles dont voici l'indication :

	fr.
Métaux bruts provenant du sol français (*voyez Tabl.* N°. 1, p. 8), valeur. . . .	79.989.860
Métaux bruts importés, déduction faite de l'exportation, mais non compris Or, Argent et Platine (*voy. Tabl.* N°. 2, p. 24). —	20.622.320
Or, Argent et Platine, importés *idem* (*voyez ibidem*).——	92.037.019
Or et Argent, pris sur les réserves des années antérieures à 1826 (*voy.* p. 52). —	36.984.689
Autres métaux bruts, *id.* (*voy.* p. 25 *et s.*).	14.222.937
	fr.
TOTAL (*voy. Tabl.* N°. 3, p. 54).	243.856.825.

En résumant tous les faits qui viennent d'être exposés, on parvient à déterminer, ainsi qu'il suit, pour chacun des métaux ou objets indiqués par le Tableau N°. 3, la quantité de matières premières, sur laquelle s'exerce annuellement, en France, l'industrie manufacturière. On peut aussi calculer la valeur en francs, qui correspond à chaque genre de matière première. On voit enfin de combien la quantité et la valeur se sont accrues, ou bien ont diminué, pour chaque genre d'industrie, depuis la dernière Exposition, qui eut lieu en 1823.

N°. 3. *Tableau récapitulatif, indiquant les quantités et les valeurs des métaux qui furent employés en France, comme matières premières, par l'industrie manufacturière, pendant l'année* 1826, *comparée avec l'année* 1822.

MÉTAUX ou MATIÈRES PREMIÈRES.	QUANTITÉS employées en 1826.	VALEUR en francs.	Différence relativement à l'année 1822 : En plus pour 1826. Quantités.	Différence relativement à l'année 1822 : En plus pour 1826. Valeur.	Différence relativement à l'année 1822 : En moins pour 1826. Quantités.	Différence relativement à l'année 1822 : En moins pour 1826. Valeur.
	qx. m.	fr.	qx. m.	fr.	qx. m.	fr.
Plomb en saumons.....	111.587	5.144.022	38.073	1.751.358	»	»
Cuivre en masses brutes ou plaques.........	54.558	10.878.280	3.887	777.400	»	»
Zinc, *idem*...........	17.313	692.520	10.340	413.600	»	»
Étain brut...........	10.974	1.917.095	3.808	666.400	»	»
Mercure coulant, ou vif-argent.........	601	276.460	241	110.860	»	»
Antimoine métallique.	336	73.920	»	»	90	19.800
Bismuth.............	9	2.700	»	»	6	1.800
Arsenic métallique....	113	12.450	74	8.140	»	»
Manganèse oxidé......	12.066	191.400	5.178	82.848	»	»
Cobalt métal. (V. *Tab.* N°. 2).............	1	30	»	»	13	390
—— grillé (safre)....	19	8.550	»	»	9	4.050
—— vitrifié (azur) ..	1.473	250.410	294	49.980	»	»
Fonte en gueuse, pour moulage...........	391.065	7.821.300	164.306	3.286.120	»	»
Fer en grosses barres..	1.540.117	80.927.320	760.727	39.557.804	»	»
Acier en barres, soit naturel, soit cémenté.	59.203	6.045.660	18.750	1.912.500	»	»
—— fondu en lingots.	2.620	593.000	799	180.574	»	»
Or, pour ouvrages et monnaies..	kil. 5.067	14.457.246	kil. 1.820	5.685.245	»	»
Argent, *idem*........	517.756	114.448.494	55.366	12.204.269	»	»
Platine.............	129	115.968	129	115.968	»	»
TOTAUX....	2.207.284	243.856.825	1.007.050	66.863.066	118	26.040

Comparaison de diverses branches d'industrie.

De l'ensemble des faits que réunit le Tableau précédent, il résulte que l'industrie manufacturière qui emploie les métaux s'exerce annuellement en France sur 2.207.284 quintaux métriques de matières premières, valant 243.856.825 francs.

Ces faits prouvent que, depuis la dernière Exposition des produits de l'industrie, qui eut lieu en 1823, la consommation des métaux, expression assez fidèle de l'activité des ateliers métallurgiques, s'est généralement accrue en France ; car il n'y a que de légères exceptions, à l'égard de l'antimoine, du bismuth et du cobalt : ces métaux sont les seuls dont l'emploi ait éprouvé quelque diminution. En prenant ces mêmes faits pour base, on peut comparer entre elles les diverses branches de l'industrie métallurgique, mesurer leur développement, et déterminer leur importance relative. Si l'on veut aussi les comparer avec d'autres branches d'industrie, on pourra combiner avec les faits relatifs aux métaux les données qu'un auteur célèbre a présentées, sur d'autres matières premières, dans son ouvrage intitulé *De l'Industrie française*, Paris, 1819, ou faire usage de telles autres données que l'on croira devoir admettre pour l'époque actuelle.

Nous lisons, par exemple, dans l'ouvrage cité, que les quantités et les valeurs des matières premières que l'on emploie en France pour la fabrication des tissus, étoffes et autres objets analogues, sont telles qu'il suit, d'après la moyenne de plusieurs années : Tissus, Étoffes, etc.

On emploie annuellement en France, y compris les importations de matières premières, et déduction faite des exportations,

1°. Pour les soieries, 51.476 qx. mét. de cocons indigènes, valant 15.442.827 fr., d'où il résulte en soie tant grège qu'organsinée 4.390 qx. mét. valant 23.560.000 fr., et au moyen de l'importation (d'environ 4.099 qx. mét. de cette dernière marchandise) une valeur totale en soie filée et organsinée, qui est de........ 45.560.000 fr.

2°. Pour les draperies et toutes les autres sortes d'ouvrages en laine, 379.283 qx. mét. de laine indigène en suint, valant 81.339.317 fr., et au moyen de l'importation (d'environ 55.957 qx. mét.) une valeur totale en laine en suint, qui est de........... 93.339.317 fr.

3°. Pour les toiles et câbles, etc., en chanvre indigène en branche, une valeur de 30.941.840 fr., qui, au moyen de l'importation, s'élève à........... 35.699.003 fr.

et de plus, en lin indigène, une valeur de 19.000.000 francs, qui, au moyen de l'importation, devient... 20.000.000 fr.

4°. Pour la cotonnerie, 130.000 qx. mét. de coton provenant des pays étrangers, et valant. ... 78.000.000 fr.

(Voyez *De l'Industrie française*, par M. le comte Chaptal, Paris, 1819, t. 2, pag. 118, 127, 139, 141, 150).

Aujourd'hui, d'après l'accroissement d'activité qui s'est manifesté dans tous les ateliers français, depuis l'année 1819, époque à laquelle parut l'ouvrage cité, on calcule que, pendant l'année 1826, l'industrie française a mis en œuvre les quantités suivantes de matières premières :

Laine, soit française, soit étrangère,. 480.000 qx. mét.

Soie tirée de l'étranger, outre la soie indigène, au lieu des 4.099 qx. mét. ci-dessus....... 8.000

Coton, au lieu des 130.000 quintaux métriques ci-dessus.................... 320.000.

(Voyez *Gazette de France*, du 14 novembre 1827, n°. 318, p. 2.)

Nous ne pousserons pas plus loin ces comparaisons : qu'il nous suffise d'avoir exposé que l'industrie métallurgique n'est pas restée au-dessous du brillant essor que toutes les autres branches de l'industrie ont pris en France depuis quelques années.

Si l'on représente par le nombre 1 la valeur totale de chacune des matières premières qui sont élaborées dans les ateliers français, on peut calculer que l'industrie manufacturière augmente cette valeur ainsi qu'il suit, d'après une moyenne prise sur l'ensemble de tous les produits fabriqués dans un même genre :

Pour les soieries, la valeur 1 de la matière première devient. 2,37
—— draperies et lainages. 2,15
—— toiles de chanvre et câbles. 3,94
—— tissus de lin, y compris les dentelles. . . 5,00
—— ouvrages en coton. . . . . 2,44.

Chacun de ces nombres est le quotient que l'on obtient en divisant la valeur totale des marchandises, fabriquées dans les manufactures françaises, par la valeur totale des matières premières qui ont été employées pour le même objet.

(Voyez *De l'Industrie française, etc.*, Paris, 1819, pages 119 et 120, 127 à 133, 140 à 142, 149 à 151.)

En procédant de même, relativement aux métaux, on trouve les résultats suivans: Métaux.

Pour les ouvrages communs en Plomb, la valeur 1 de la matière première devient. 1,33

—— Cuivre, dans la chaudronnerie, les batteries de cuisine, etc., mais sans compter le bronze et le laiton. . . . . 2,»

—— Étain, Zinc, Antimoine, Mercure, à l'état de métal ou d'alliage. . . . . 1,5 à 2

——— *idem*, dans la composition des sels métalliques. . . . . 3, à 4

—— Fer approprié aux divers usages. . . . 4,4.
(Voyez *De l'Industrie française,* t. 2, pages 157 et 161.)

——Or, dans la bijouterie, l'orfévrerie, l'horlogerie, les dorures, etc.... 2,35

——Argent, *idem*. . . . . 1,60.
(V. *Recherches statistiques sur Paris,* 1823, *Tab.* N°. 85.)

Il suffira de considérer ces nombres, en se rappelant, d'après ce qui précède, quelle quantité de fer est employée par les ateliers français, pour reconnaître que, dans l'industrie métallurgique de la France, le fer est sans contredit le plus précieux des métaux, et que cette industrie n'offre pas moins d'avantages que celles qui emploient la soie, la laine, le chanvre, le lin, ou le coton.

Au lieu de calculer l'accroissement de valeur des métaux d'après un terme moyen pris sur l'ensemble de tous les produits fabriqués dans un même genre, on peut se demander selon quel rapport s'accroît la valeur de tel ou tel métal dans telle ou telle sorte de produit. L'Exposition de 1827 nous a fourni l'occasion de recueillir d'utiles données à cet égard, d'après les prix actuels des métaux bruts et des métaux ouvrés. Ces données doivent trouver place dans le présent rapport, parce qu'elles pourront servir à comparer entre eux les divers genres de fabrication métallurgique, et à faire apprécier le mérite relatif des divers fabricans dans un même genre, d'après les quantités, les qualités et les prix de leurs produits.

En appliquant ces données générales aux circonstances particulières de tel ou tel établissement, on remarquera que l'acroissement de valeur ainsi calculé représente collectivement les salaires d'ouvriers et d'agens quelconques, les achats de combustibles et de matières, autres que les métaux à mettre en œuvre, les déchets qu'éprouvent ces métaux, les intérêts des capitaux versés dans telle ou telle entreprise métallurgique, en un mot tous les frais de fabrication et le bénéfice de l'industrie. Dans les données qui suivent, on remarquera aussi qu'elles ne comprennent que des objets usuels; nous avons écarté certains accroissemens de valeur tout-à-fait extraordinaires, tels que celui que reçoit la fonte brute de fer, convertie en acier, dans les ressorts spiraux de montres. On rapporte, à ce sujet, qu'en Angleterre une livre de *fer brut*, ou fonte de fer, qui vaut 5 centimes, fournit 70.000 ressorts spiraux qui valent 35.000 guinées, ou 926.450 fr., d'où il suit que, dans ces ressorts, la valeur de la matière première devient 18.528.999 fois plus grande, qu'elle ne l'était avant la mise en œuvre. (*Voyez un Voyage en Angleterre,* par M. Pictet, Genève 1802, et *Amusemens philologiques,* Paris, 1824, page 269.)

Accroissement de valeur des métaux.

MÉTAUX BRUTS :	MÉTAUX OUVRÉS :	1 devient :
Prix du quintal métrique en France, en 1827.	Valeur relative, le prix ci-contre du métal brut étant représenté par le nombre 1..	
Plomb, à 52 francs.	Dans les produits ci-après indiqués, avec les prix qu'ils coûtent en fabrique, savoir : — Feuilles, tables ou tuyaux, des dimensions moyennes, au prix de 65 fr. le q. m., la valeur de la matière non ouvrée devient.	1,25
	— Caractères d'imprimerie neufs, en langue française, dans lesquels 0,8 de plomb sont alliés avec 0,2 d'antimoine, tels que les caractères les plus usuels, dits *petit-romain*, n°. 9, du prix de 4 f. 60 c. le kil., et *cicéro*, n°. 11, du prix de 3 f. 80c. le kil., ce qui donne par q. m. des deux sortes mêlées un prix moyen de 420 fr.	4,9
	Le q. m. de la matière non ouvrée vaut 85 f. 60 c., d'après les proportions susénoncées de l'alliage, et les prix des deux métaux bruts.	
	— Petits caractères *idem*, dits *cinq-romain*, ou *parisienne*, du prix de 24 f. le kil. (*id.*)	28,3
	— Céruse, ou blanc de plomb (sous-carbonate) de 1re. qualité, en masses brutes, et sans préparation, à 114 f. le q. m., contenant à peu près 0,84 de plomb, avec 0,16 d'acide carbonique.	2,6
	La valeur du plomb contenu dans un q. m. de céruse est de 43 f. 68. c.	
	— Minium (deutoxide de plomb) pour faïence fine et cristaux, à 90 f. le q. m., contenant à peu près 0,9 de plomb avec 0,1 d'oxigène.	1,92
	La valeur du plomb contenu dans un q. m. de minium est de 46 f. 80 c.	

[M]ÉTAUX BRUTS :	MÉTAUX OUVRÉS :	1 devient :
[Pr]ix du quintal métrique. Cuivre, à 254 francs.	— Feuilles de doublage pour la marine, du prix de 320 fr. le q. m.	1,26
	— Ustensiles de ménage, qui se vendent au poids, à raison de 4 f. 50 c. le kil.	1,77
	— Laiton en planches, à 280 fr. le q. m., dans lequel 0,7 de cuivre sont alliés avec 0,3 de zinc.	1,46
	Le q. m. de la matière non ouvrée vaut 190 f. 70 c., d'après les proportions et les prix des deux métaux bruts.	
	— Peigne, dit *rot*, en laiton, pour calicot 3/4, lequel peigne ayant 40 pouces de long, y compris les gardes, et contenant 1500 dents sur une longueur de 38 pouces, pèse 4 onces (0kil.,61188) et coûte 9 f., ce qui fait 1470 f. par q. m.	7,70
	— Fil de laiton ordinaire du n°. 1 à 28, à 300 f. le q. m.	1,57
	— Fil de laiton fin, à 550 f. le q. m.	2,88
	— Toiles métalliques en fil de laiton n°. 8 (c'est-à-dire 8 fils au pouce), dont le pied carré, contenant 64 mailles, est du poids de 266 grammes, 37 et se vend 2 f. 50 c., ce qui fait par q. m. 938 f.	4,91
	— Toiles *idem*, n°. 100, dont le pied carré, contenant 10.000 mailles, pèse 67gr.,41, et se vend 7 f. 50 c., ce qui fait par qal. métrique 11.125 f.	58,23
	— Épingles blanches ordinaires, en laiton étamé n°. 20, dont les 12.000 pièces pèsent 2kil.,256, et se vendent 10 f. 10 c., ce qui fait 447 f. le q. m.	2,34
	Le q. m. de la matière non ouvrée vaut 190 f. 80 c.; il contient en cuivre 69kil.,82, en zinc 29k.,92, en étain 0k.,25.	

MÉTAUX BRUTS :	MÉTAUX OUVRÉS :	1 devient
Prix du quintal métrique. Cuivre, à 254 francs.	—Épingles blanches rivées *idem* n°. 20, dont les 12.000 pèsent 2kil.,796, et se vendent en fabrique 15 f. 30 c., ce qui fait 547 f. par q. m. (*idem*).	2,80
	— Cloches en bronze, à 320 f. le q. m., dans lesquelles 0,78 de cuivre sont alliés avec 0,22 d'étain.	1,28
	Le q. m. de la matière non ouvrée vaut 248 fr. 72 c.	
	— Ouvrages divers en bronze, sans ciselure ni dorure, à 500 f. le q. m., dans lesquels 0,9 de cuivre sont alliés avec 0,1 d'étain.	1,98
	Le q. m. de la matière non ouvrée vaut 251 f. 60 c.	
	— Plaqué, ou doublé d'argent, au dixième du poids, valant 6.000 f. le q. m., dans la confection duquel, avec 0,9 de cuivre, on emploie 0,1 d'argent au titre de 0,997 et du prix de 221 f. 55 c. le kil.	2,45
	Le q. m. de la matière non ouvrée vaut 2.444 f. 13 c.	
	— Plaqué d'argent, au vingtième du poids, valant 4.800 f. le q. m., dans la confection duquel, avec 0,95 de cuivre, on emploie 0,05 d'argent au même titre et du même prix que ci-dessus.	3,56
	Le q. m. de la matière non ouvrée vaut 1349 f. 06.	
Zinc, à 43 francs.	— Feuilles des nos. 12 à 15, qui sont les plus usuels, à 70 f. le q. m.	1,62
	— Gouttières en zinc, à 140 f. le q. m.	3,25
	— Laiton en planches. (Voyez *Cuivre*.)	
	— Soudure forte, à 250 f. le q. m., dans laquelle 46k,29 de zinc sont alliés avec 50k,93 de cuivre, et 2k,78 d'étain.	1,60
	Le q. m. de la matière non ouvrée	

MÉTAUX BRUTS :	MÉTAUX OUVRÉS :	1 devient:
Prix du quintal métrique.	vaut 155 f. 65 c.	
	— Soudure blanche, à 250 f. le q. m., dans laquelle 48k,43 de zinc sont alliés avec 50k,74 de cuivre, et 0k,83 d'étain.	1,64
	Le q. m. de la matière non ouvrée vaut 151 f. 59 c.	
Étain, à 250 francs.	— Planches pour gravure de musique, à 300 f. le q. m.	1,30
	— Feuilles pour étamage de glaces, à 400 f. le q. m.	1,73
	— Ustensiles dans la composition desquels 0,88 d'étain sont alliés avec 0,12 de plomb, tels qu'une série de six mesures de capacité pour les liquides, depuis le litre jusqu'au 1/32 de litre, du poids total de 2kil.,84, et du prix de 11 f., ce qui fait par q. m. 387 f. 32 c.	1,85
	Le q. m. de la matière non ouvrée vaut 208 f. 64 c.	
	— Cloches, Bronze. (Voy. *Cuivre.*)	
	— Fer-blanc. (Voy. *Fer.*)	
Mercure, à 540 francs.	— Vermillon (Mercure sulfuré) de qualité moyenne, à 850 f. le q. m., contenant environ 0,86 de mercure combiné avec 0,14 de soufre.	1,81
	Le q. m. de soufre brut valant 36 f., le prix du q. m. de la matière non ouvrée est de 469 f. 44 c.	
Antimoine, à 220 francs.	— Caractères d'imprimerie. (Voy. *Plomb.*)	
Bismuth, à 600 francs.	— Alliage fusible à 100 degrés centigrades, employé pour clicher les médailles, et valant 1000 f. le q. m., dans lequel 0,50 de bismuth sont alliés avec 0,31 de plomb	

MÉTAUX BRUTS :	MÉTAUX OUVRÉS.	I devie
Prix du quintal métrique.	et 0,19 d'étain. ——	2,0
	Le q. m. de la matière non ouvrée vaut 359 f. 82 c.	
	— Rondelles de sûreté pour les machines à vapeur, en alliage fusible à 155 degrés centigrades, lesquelles contiennent environ 0,15 de bismuth, 0,39 de plomb, et 0,46 d'étain, et valent 5 f. le kil. ——	2,3
	Le q. m. de la matière non ouvrée vaut 216 f. 8 c.	
Arsenic, à 60 francs.	— Oxide blanc d'Arsenic, à 86 f. 50 c. le q. m., contenant environ 0,75 d'arsenic, combinés avec 0,25 d'oxigène. ——	1,8
	Dans un q. m. de cet oxide, la valeur de l'arsenic non ouvré est de 45 f.	
	— Sulfure rouge d'arsenic (Réalgar), de qualité moyenne, en masses brutes et sans préparation, à 145 f. le q. m., contenant environ 0,7 d'arsenic, combinés avec 0,3 de soufre, dont le q. m. vaut 36 f. —	2,7
	Le q. m. de la matière non ouvrée vaut 52 f. 80 c.	
	— Sulfure jaune-doré d'arsenic (Orpiment), de qualité moyenne, à 215 f. le q. m., contenant environ 0,6 d'arsenic, combinés avec 0,4 de soufre. ——	4,2
	Le q. m. de la matière non ouvrée vaut 50 f. 40 c.	
Cobalt (minerai), à 75 fr. le kil.	— Assiettes de porcelaine de Sèvres, colorées en bleu sur le bord, au grand feu...	5,68
	Avec un kilogr. de minerai de cobalt, de Tunaberg, en Suède, dit cobalt gris ou éclatant, on met en bleu, sur le bord, 213 assiettes, dont chacune, en blanc, valait 1 f. et vaut ensuite 3 f., étant ainsi	

MÉTAUX BRUTS :	MÉTAUX OUVRÉS :	1 devient :
Prix du quintal métrique.	colorée, d'où il suit que le kilog. de ce minerai de cobalt, qui coûte 75 f., produit une valeur de 426 f.	
Fonte de fer brute, à 20 fr.	— Ustensiles de ménage, et ouvrages communs en fonte moulée, à 40 f. le q[al]. mét.	2,»
	— Pièces de mécanique en fonte moulée, à 80 f. le q. m.	4,»
	— Pièces de bijoutèrie en fonte moulée, telles que boucles, agrafes, croix pleines, et figures découpées pour cadenas de bracelets, au prix de 9 f. le kil., en brut.	45,»
	— Pièces *idem*, telles que maillons de bracelets, croix à jour, etc., à 30 f. le kil., en brut.	150,»
	— Boutons en fonte de fer, avec figures, au prix de 12 f. la grosse de 12 douzaines, pesant 407[g],95, ce qui fait 2.941 f. par q. m.	147,05
Fer en barres, à 56 francs.	— Fer de fenderie, 1re. qualité, à 62 f. le q. m.	1,10
	— Fer martiné rond, à 66 f.	1,17
	— Acier naturel, à 80 f. le q. m.	1,42
	— Acier cémenté, à 135 fr. le q. m.	2,41
	— Acier fondu, à 240 fr. le q. m.	4,28
	— Tôle ordinaire, en grandes feuilles de 20 à 24 sur 55 à 60 pouces, dont chacune pèse au moins 5 kil., et dont le q. m. vaut 82 f. 50 c.	1,47
	— Tôle fine, en petites feuilles de 12 à 18 pouces de largeur, dont chacune pèse de 1 à 4 kil., et dont le q. m. vaut 88 f. 50 c.	1,58
	— Tôle d'acier naturel, à 200 f. le q. m.	3,57
	— Tôle d'acier fondu, à 350 f. le q. m.	6,25
	— Fer-blanc terne, de format français (9 pouces sur 12) marqué X, au prix de 50 f.	

MÉTAUX BRUTS:	MÉTAUX OUVRÉS:	devient
Prix du quintal métrique. Fer en barres, à 56 francs.	la caisse de 150 feuilles, pesant 37k,5, ce qui fait 133 f. 33 c. le q. m., pour la fabrication duquel on emploie, avec 100 kil. de tôle pesée avant le décapage, 5k,25 de plomb, et 3k,5 d'étain (le q. m. de ce fer-blanc, quand il est achevé, contient à peu près 91k,43 de fer, 5k,14 de plomb, 3k,43 d'étain).	2,15
	Le q. m. de la matière non ouvrée vaut 61 f. 98 c., d'après les proportions et les prix susénoncés des trois métaux bruts.	
	— Fer-blanc brillant, de format *idem*, au prix de 56 f. la caisse *idem*, ce qui fait 146 fr. 66 c. le q. m., pour la fabrication duquel on emploie, avec 110 kil. de tôle pesée, avant le décapage, 10 kil. d'étain pur (le q. m. de ce fer-blanc, quand il est achevé, contient à peu près 90k,91 de fer et 9k,09 d'étain).	2,04
	Le q. m. de la matière non ouvrée vaut 71 f. 80 c. (*idem*).	
	— Fer-blanc terne, de format anglais (9 pouces et demi sur 12), marqué I. C., au prix de 80 f. la caisse de 225 feuilles, pesant 55 k., ce qui fait 145 f. 45 c. le q. m.	2,34
	Les proportions de fer, de plomb et d'étain, sont à peu près les mêmes que dans le fer-blanc terne de format français. (Voy. ci-dessus.)	
	— Fer-blanc brillant, de format *idem*, au prix de 88 f. la caisse *idem*, ce qui fait par q. m. 154 f. 54 c.	2,15
	Les proportions de fer et d'étain sont à peu près les mêmes que dans le fer-blanc brillant de format français.	
	— Gros clous et chaînes, à 110 f. le q. m.	1,96

MÉTAUX BRUTS :	MÉTAUX OUVRÉS :	1 devient :
Prix du quintal métrique. Fer en barres, à 56 francs.	— Fers à cheval, dont chacun pèse 558g.,33, et coûte 0,80 c., sans les clous ni la pose, ce qui fait 143 f. le q. m.	2,55
	— Outils aratoires, tels que houes, bêches, pioches, etc., à 175 f. le q. m.	3,12
	— Haches et serpes, à 190 le q. m.	3,39
	— Hachettes de maçons, dont chacune pèse 1k,75, et coûte 3 f. 50 c., ce qui fait 200 f. par q. m.	3,57
	— Loquets en fer, dont la douzaine pèse 3k,3 et coûte 9 f., ce qui fait 272 f. le q. m.	4,85
	— *Idem*, dont la douzaine pèse 9 kil., et coûte 28 f., ce qui fait 311 f. le q. m.	5,55
	— Verroux en fer, dont chacun pèse 183g,56, et coûte 0,75 c., ce qui fait 408 f. le q. m.	7,28
	— *Idem*, dont chacun pèse 734g,26, et coûte 3 f. 50 c., ce qui fait 476 f. le q. m.	8,50
	— Planes de charron, en acier ordinaire, dont chacune, longue de 7 pouces, pèse 0k,5, et coûte 3 f., ce qui fait 600 f. le q. m.	10,71
	— *Idem*, en acier fondu, à 4 f. la pièce.	14,28
	— Outils d'une sonde de mineur, complète, au nombre de 18 pièces en fer et acier, du poids total de 90k,75, et du prix de 603 f., ce qui fait 664 f. le q. m.	11,85
	— Tête de sonde, alonges en fer, et boulons, formant une tige de 44 mètres, du poids total de 336k, et du prix de 526 f. 20 c., ce qui fait 156 f. le q. m.	2,78
	— Faulx en *étoffe* de fer et d'acier, dont chacune pèse 1 liv. 3/4 (0k,87), et se vend 2 f. 50 c., ce qui fait par q. m. 287 f.	5,12
	— Scies en acier, dont la douzaine pèse 2k,5, et coûte 10 f. 50 c., ce qui fait 420 fr. le q. m.	7,50

5.

MÉTAUX BRUTS :	MÉTAUX OUVRÉS :	1 devient
Prix du quintal métrique. Fer en barres, à 56 francs.	— Scies à bois pour scieurs de long, de 4 pieds 1/2 de longueur sur 3 pouces 1/2 de largeur, dont chacune pèse 1k,5, et coûte 12 f., ce qui fait 800 le q. m.	14,28
	— Limes au paquet, dites *sept-quarts*, dont chaque paquet, contenant de 1 à 6 pièces, pèse communément 0k,87 (7/4 de livre), et coûte 1 f. 25 c., ce qui fait 143 f. le q. m.	2,55
	— Limes plates en acier fondu, de 8 pouces de longueur, dont la douzaine pèse 2 kil., et coûte, en qualité superfine, 22 f. 90 c. la douzaine, ce qui fait 1.145 f. le q. m.	20,44
	— Pointes dites *de Paris*, n°. 12, de 12 lignes de longueur, dont le q. m., contenant à peu près 200.000 pointes, coûte 165 f.	2,94
	— Fils de fer, dits *Limoges*, n°. 10, dont la botte, pesant 5 kil., coûte 6 f., ce qui fait 120 f. le q. m.	2,14
	— *Idem*, dits *normands*, dont la botte, pesant 6 kil., coûte 9 f. 70 c., ce qui fait 161 f. le q. m.	2,87
	— *Idem*, assortis de divers numéros, à 130 f. le q. m.	2,32
	— *Idem*, fins, non dressés, dits *fils-carcasses*, n°. 20, dont la botte, pesant 6 kil., se vend 13 f. 25 c., ce qui fait 220 fr. 83 c. le q. m.	3,94
	— *Idem*, n°. 30, à 35 f. la botte de 6 kil., ce qui fait 583 f. 33 c. le q. m.	10,41
	— *Idem*, dressés, dits *fils à cardes*, n°. 20, dont la botte, pesant 1k,5, se vend 3 f. 20 c., ce qui fait 213 f. 33 c. le q. m.	3,80
	— *Idem*, n°. 30, à 9 f. la botte de 1k,50, ce qui fait 600 f. le q. m.	10,71

MÉTAUX BRUTS :	MÉTAUX OUVRÉS :	1 devient :
Prix du quintal métrique. Fer en barres, à 56 francs.	— Épingles drapières très-renforcées, à 450 fr. le q. m.	8,03
	— Aiguilles à la coupe, en fil de fer cémenté, assorties de qualité moyenne, dont les 1.000 pièces pèsent 9 onces 2 gros (283 grammes), et coûtent, en premier choix 2 f. 75 c., ce qui fait 971 f. le q. m.	17,33
	— *Idem*, 3e. qualité, en fil de fer cémenté, dont les 1.000 pièces pèsent 9 onces (275g,35), et coûtent, en premier choix, 3 f. 56 c., ce qui fait 1.292 f. le q. m.	23,07
	— *Idem*, de 2e. qualité, en fil d'acier ordinaire, dont les 1.000 pièces sont du même poids que ci-dessus, et du prix de 5 fr. 50 c., ce qui fait 1.997 f. le q. m.	35,66
	— *Idem*, de 1re. qualité, façon anglaise, en fil d'acier fondu, dont les 1.000 pièces pèsent 7 onces (214g,16), et coûtent, en premier choix, 8 f. 50 c., ce qui fait 3.968 fr. le q. m.	70,85
	— Peigne, dit *rot*, en acier, pour calicot 3/4, lequel peigne ayant 40 pouces de long, y compris les gardes, et contenant 1.500 dents sur une longueur de 38 pouces, pèse 1 liv. 4 onces (0k,61188), et coûte 7 f., ce qui fait 1.225 par q. m.	21,87
	— Rubans de cardes, en fil de fer, pour coton, n°. 24, dont le pied courant pèse 45g,88, et coûte 1 f., déduction faite du poids et du prix du cuir, ce qui fait, pour le métal seul, 2.179 f. le q. m.	38,91
	— Toiles métalliques en fil de fer, n°. 10, dont le pied carré pèse 429g,41, et coûte 1 f. 75 c., ce qui fait par q. m. 407 f.	7,26
	— *Idem*, n°. 80, dont le pied carré pèse 87g,69, et coûte 4 f. 75 c., ce qui fait par q. m. 5.416 f.	96,71

MÉTAUX BRUTS :	MÉTAUX OUVRÉS :	1 devient:
Prix du quintal métrique. Fer en barres, à 56 francs.	—Lames de couteaux de table, dites à *chevalet*, dont la douzaine pèse 0k,5, et coûte 10 f., ce qui fait 2.000 f. le q. m. ——	35,7
	— Lames de rasoirs en acier fondu, dont la douzaine pèse 0k,5, et coûte 15 f., ce qui fait 3.000 f. par q. m.——	53,57
	—Ciseaux fins, dont la douzaine pèse 91g,78, et coûte 24 f., ce qui fait 26.169 le q. m.	446,94
	— Lames de canifs de bureau, dont les cinq douzaines pèsent 30g,59, et coûtent 11 f. 50 c., ce qui fait 36.800 le q. m.——	657,14
	—Canons de fusils de munition, du dernier modèle, dont chacun pèse 2 kil., et coûte 10 f. 20 c., ce qui fait 510 f. le q. m. —	9,10
	— Canons de fusils, doubles, de chasse, à rubans tordus et damassés, dont chacun pèse 1k,5, et coûte 200 f., prix moyen, ce qui fait 13.333 f. par q. m.——	238,08
	—Platines de fusils de munition, en fer, dont chacune pèse 0k,5, et coûte 7 f. 25 c., ce qui fait 1.450 f. le q. m.——	25,89
	—Baguettes de fusils de munition, en acier, dont chacune pèse 0k,188, et coûte 1 f. 20 c., ce qui fait 638 f. le q. m.——	11,39
	— Baïonnettes de fusils de munition, dont chacune, composée d'acier pour 2/3 de son poids, et de fer pour 1/3, pèse 0k,313, et coûte 3 f. 25 c., ce qui fait 1.038 f. le q. m.	18,53
	—Lames de sabres, de cavalerie de ligne, en acier, chacune du poids de 0k,655, et du prix de 5 f. 90 c., ce qui fait 900 f. le q. m.	16,07
	— *Idem*, de cavalerie légère, chacune du poids de 0k,67, et du prix de 6 f., ce qui fait 895 f. le q. m.——	15,98
	— *Idem*, d'infanterie, chacune du poids de 0k,53, et du prix de 2 f. 75 c., ce qui fait 518 f. le q. m.——	9,25

MÉTAUX BRUTS :	MÉTAUX OUVRÉS :	1 devient :
Prix du quintal métrique. Fer en barres, à 56 francs.	— *Idem*, d'artillerie, chacune du poids de 0k,6, et du prix de 3 f. 70 c., ce qui fait 616 f. le q. m.	11,"
	— Boucles de ceinture, en acier poli, chacune du poids de 19g,915, et du prix de 10 f., ce qui fait 50.213 f. le q. m.	896,66
	— Poignées d'épée, en acier poli, chacune du poids de 6 onces (183g,56), et du prix de 100 f., ce qui fait 54.478 f. par q. m.	972,82
Argent, à 0,950 de fin, valant 52 f. le marc, ou 212f.,46c. le kil.	— Couverts d'argent à filets, au titre de 0,950, dont la douzaine pèse 8 marcs, valant 416 f., et coûte 464 f., non compris le contrôle qui est de 3 f. par marc.	1,115
	— Couverts de dessert, au même titre, dont la douzaine pèse 5 marcs 5 onces 4 gros, valant 295 f. 74 c., et coûte 355 f. 74 c., non compris le contrôle.	1,202
	— Vaisselle plate en argent, au même titre, dont le marc coûte 57 f. tout façonné, non compris le contrôle.	1,096
Argent, à 0,800 de fin, 44 fr. 25 c. le marc, ou 180 fr. 78 c. le kil.	— Boîte de montre en argent, d'horlogerie ordinaire, au titre de 0,800, du poids de 1 once (0k,03059) et du prix de 13 f. 53 c., non compris le contrôle.	2,446
Or, à 0,840 de fin, 721 fr. le marc, ou 2.945 f. 86c. le kil.	— *Idem* en or, d'horlogerie fine, au titre de 0,840, du poids de 10 gros (0k,0382), et du prix de 147 f. 53 c., non compris le contrôle, qui est de 1 f. par gros.	1,311
Or, à 0,750 de fin, valant 644 fr. le c ou 2.631 fr. 25 c. le kil.	— *Idem*, d'horlogerie ordinaire, au titre de 0,750, du poids de 5 gros (0k,0191), et du prix de 85 f. 26 c., non compris le contrôle.	1,696
	— Tabatière en or, d'un travail simple, au	

MÉTAUX BRUTS:	MÉTAUX OUVRÉS :	1 devient:
Or, à 0,750 de fin, valant 2.631 f. 25 c. le kil.	même titre, du poids de 3 onces (91g,78), et du prix de 381 f. 54 c., non compris le contrôle.	1,579
	— Chaîne de parure, en or au même titre, du poids de 2 onces (61g,19), et du prix de 250 f., non compris le contrôle.	1,552
Platine pur, à 898 f. 98 c. le kil.	— Capsule en platine pour les laboratoires de chimie, du poids de 122g,38, et du prix de 114 f., ce qui fait 931 f. 60 c. le kil.	1,036
	Dans le nombre 1,036 ne se trouve pas compris l'accroissement de valeur, qui résulte de la purification du platine, objet principal en ce genre d'industrie.	

Conversion du fer brut, en fer ouvré.

Parmi les produits qui viennent d'être indiqués, comme donnant aux métaux bruts un accroissement de valeur, plus ou moins considérable, il en est un grand nombre qui sont l'objet d'une fabrication très-active dans les ateliers de la France : c'est ce que nous aurons occasion de voir dans la seconde partie de ce rapport. Bornons-nous à remarquer ici, d'après les états dressés pour l'année 1826, les quantités de fer que l'industrie française convertit en marchandises de l'usage le plus fréquent.

En 1826, sur le total de fer en barres qui fut obtenu dans l'ensemble des forges de la France, on a fabriqué les quantités de produits, que nous allons présenter sans double emploi :

1°. *Produit en fer de martinet et de fenderie, en 1826.*

Inspections des Mines. (Voy. p. 16.)	Fer martiné.	Fer de fenderie.	Gros outils et Essieux.	Objets de taillanderie.
	quint. mét.	quint. mét.	quint. mét.	quint. mét.
1re.	1.200	40.923	1.016	»
2e.	21.563	110.692	5.020	10
3e.	35.629	68.315	15.564	7.565
4e.	19.007	52.020	»	2.273
5e.	19.679	7.991	4.690	»
Totaux...	97.078	279.941	26.290	9.848

2°. *Produit en fer manufacturé, en 1826.*

Départemens.	Tôle, et Fers-noirs.	Fer-blanc.	Fil de fer.	Faulx.	Limes et Râpes.
	quint. mét.	quint. mét.	quint. mét.	quint. mét.	quint. mét.
1re. Inspon.					
Seine..........	6.210	»	»	»	280
Seine-et-Oise..	»	»	»	»	163
Loiret........	»	»	»	»	120
Indre-et-Loire.	»	»	»	»	1.750
2e.					
Orne..........	»	»	4.200	»	»
Eure..........	»	»	2.300	»	»
Oise..........	800	5.000	»	»	»
Aisne.........	3.845	»	»	»	»
Ardennes......	17.087	445	500	16	»
3e.					
Moselle.......	1.605	5.920	»	»	»
Bas-Rhin......	»	»	»	27	648
Vosges........	2.820	6.160	14.230	»	»
Haut-Rhin.....	»	»	4.880	40	»
Haute-Saône...	10.110	4.600	11.500	»	»
Haute-Marne...	898	»	500	»	180
Côte-d'Or.....	2.800	»	1.300	»	»
Nièvre........	14.000	5.900	»	»	230
Allier........	»	»	270	»	»
Saône-et-Loire.	1.262	»	»	»	»
4e.					
Loire.........	»	»	»	»	645
Doubs.........	821	3.700	27.060	284	»
Jura..........	2.150	»	10.200	227	»

DÉPARTEMENS.	Tôle, et Fers-noirs.	Fer-blanc.	Fil de fer.	Faulx.	Limes et Râpes.
	quint. mét.	quint. mét.	quint. mét.	quint. mét.	quint. mét.
8e. Inspon.					
Aude.........	»	»	»	»	3
Ariége........	»	»	»	414	150
Haute-Garonne	»	»	»	759	600
TOTAUX..	64.508	31.725	76.940	1.767	4.769

La quantité totale de fer, que contient l'ensemble de ces diverses marchandises, est à peu près de 592.866 quintaux métriques, d'après la somme de leurs poids. (*Voy.* 1o. et 2o. *ci-dessus.*)

La valeur de cette quantité de fer serait de 33.200.496 fr., d'après le prix énoncé du métal brut (*voy.* p. 65); mais, d'après les accroissemens de valeur, que le métal brut a reçus dans les diverses marchandises, on peut calculer, en prenant le terme moyen des différentes qualités, que la valeur vénale de ces produits, considérés en fabrique, fut telle qu'il suit:

Fers martinés..................	6.360.550 fr.
Fers de fenderie..............	17.244.365
Gros outils et Essieux.........	4.593.388
Objets de taillanderie..........	1.869.544
Tôle et Fers-noirs...........	5.490.920
Fer-blanc.................	3.855.222.
Fil de fer.................	9.996.044
Faulx..................	506.634
Limes et Râpes.............	1.640.983
Valeur totale des produits fabriqués..	**51.857.650**
Si l'on en soustrait la valeur du métal brut, ci...................	**33.200.496**
Il reste.....	**18.657.154 fr.,**

nombre qui exprime l'accroissement de valeur que le métal brut a reçu dans l'ensemble de ces produits usuels.

Ainsi, 1°. dans ce même ensemble de produits, la valeur du métal brut est à la valeur du métal ouvré, comme 1 : 1,56.

2°. Comparativement à la quantité totale de fer en barres, qui est obtenue dans les forges de la France (1.480.080 quintaux métriques valant 79.101.520 fr., *voy.* p. 42), la quantité des produits fabriqués, dans les sortes susénoncées de marchandises, est, sauf les déchets de fabrication, les 0,40 de la première quantité; elle en devient les 0,46, si l'on admet un déchet moyen de 15 pour 100, sur l'ensemble des sortes.

On est donc porté à croire que, sur la quantité totale de fer brut, qui est annuellement obtenue en France, un peu moins de la moitié est employé pour la fabrication des divers produits qui viennent d'être indiqués, et un peu plus de la moitié reste disponible pour les autres besoins de l'agriculture, des constructions quelconques, et en général, de tous les arts.

Commerce des métaux ouvrés, entre la France et les pays étrangers.

Malgré l'activité dont jouit l'industrie métallurgique en France, il est encore plusieurs objets de première nécessité qui donnent lieu à une importation de produits étrangers, plus considérable que n'est l'exportation des produits français de même sorte : tels sont les faulx, les limes, les scies, le fer-blanc, les outils de fer rechargé d'acier; tels sont encore les outils de pur acier, la céruse, le zinc laminé, le vermillon et l'orpiment. D'autres objets, au contraire, sont exportés de France en plus grande quantité qu'ils n'y sont importés : tels sont les ouvrages en plomb, en cuivre, en laiton, en bronze, en étain, les caractères d'imprimerie, la fonte de fer moulée, les faucilles et instrumens aratoires, la tôle, le fil de fer, la coutellerie, les outils de pur fer, les armes, le vitriol vert, les ouvrages d'or ou d'argent, et le plaqué.

Le Tableau ci-après, N°. 4, qui est dressé d'après les états des douanes, fera voir quelle fut la situation de l'industrie française dans les deux années 1822 et 1826, relativement à l'importation et à l'exportation des produits fabriqués avec les métaux.

Sur ce tableau, on remarquera les faits suivans:

1°. En 1826, la valeur de l'exportation des métaux ouvrés, y compris les ouvrages d'or et d'argent, présenta une somme totale de. . . . . 18.876.515 fr.

La valeur de l'importation (*idem*)...... 5.147.920

Différence à l'avantage de l'exportation. 13.728.595 fr.

Si l'on soustrait, tant de l'exportation que de l'importation, les ouvrages d'or et d'argent dont la valeur est pour l'exportation 12.084.000 fr., et pour l'importation 73.990, il reste, pour valeur de l'exportation des métaux ouvrés, non compris les ouvrages d'or et d'argent. 6.792.515 fr.

— pour valeur de l'importation (*idem*)... 5.073.930

Différence à l'avantage de l'exportation.. 1.718.585 fr.

On voit donc que la différence de l'exportation à l'importation, des métaux ouvrés, est à l'avantage de la France, même en faisant abstraction des ouvrages d'or et d'argent, qui, pour le royaume, sont les principaux objets de l'exportation des métaux ouvrés; mais il ne faut pas perdre de vue, que cette différence favorable est absorbée, et bien au-delà, par celle qui résulte de l'importation des métaux bruts, comparée avec leur exportation.

En effet, notre Tableau N°. 2 indique ce qui suit (*voy*. p. 24) :

En 1826, d'après le terme moyen de quatre années, l'importation des métaux bruts, non compris l'or, l'argent, et le platine, fut une valeur de	20.985.505fr.
L'exportation (*idem*)	363.185
Différence à l'avantage de l'importation.	20.622.320fr.
L'importation de l'or, de l'argent, et du platine, fut de	216.648.391
L'exportation (*idem*).	124.611.372
Différence à l'avantage de l'importation.	92.037.019fr.
En ajoutant la différence relative aux autres métaux bruts (*voy*. ci-dessus), ci. .	20.622.320
On trouve le total. . . . . nombre qui exprime l'excès de l'importation sur l'exportation, des métaux bruts.	112.659.339fr.
Si de ce nombre on soustrait la différence à l'avantage de l'exportation des métaux ouvrés, ci.	13.728.595
Il reste.	98.930.744fr.

Ce reste fait voir qu'il sort annuellement de France, pour les métaux que le Royaume tire des pays étrangers, une valeur en autres marchandises, qui correspond à peu près à 100 millions de francs.

Ainsi, à l'égard des métaux bruts, les produits du Royaume sont loin de suffire à ses besoins. On peut en conclure qu'un vaste champ reste encore ouvert à l'industrie française dans l'exploitation des mines et dans la métallurgie.

2°. En ce qui concerne ceux des métaux ouvrés à l'égard desquels la différence est à l'avantage de l'importation, le tableau suivant nous montre que, pour plusieurs d'entre eux, cette différence défavorable s'est accrue depuis quatre ans, par exemple, pour les limes, les scies et le fer-blanc, tandis qu'elle a diminué pour les faulx et les outils de fer rechargé d'acier. On voit par là ce qu'il reste encore à faire à l'industrie française.

3°. Quant à ceux des métaux ouvrés à l'égard desquels la différence est à l'avantage de l'exportation, cette différence favorable s'est accrue depuis quatre ans, pour les ouvrages en plomb, en cuivre, en étain, pour le laiton filé, pour la fonte moulée, les faucilles, le fil de fer, les outils de pur fer, les armes blanches de luxe, les armes à feu de traite, et pour les ouvrages d'or ou d'argent, tandis qu'elle a diminué pour la tôle, la coutellerie, les armes blanches de traite, les armes à feu de luxe, et le plaqué.

Ces faits indiquent assez quels sont les genres de fabrication qu'il sera juste de récompenser, comme donnant lieu à une exportation avantageuse, et quels sont les genres qu'il sera utile d'encourager, comme approchant plus ou moins de ce but. Outre ces données générales, il conviendra de prendre en considération l'espèce, la quantité, la qualité, la destination et le prix des produits fabriqués dans tel ou tel atelier français, comme des données spéciales que l'on pourra combiner avec les précédentes, pour apprécier le mérite particulier de chacun des fabricans dont les produits sont exposés en 1827. De ces mêmes faits on pourra déduire encore d'autres conséquences qui ne seront peut-être pas sans intérêt pour les spéculations de l'industrie et du commerce, dans un moment où elles se portent avec tant d'activité sur les entreprises métallurgiques.

					1822.	1826.	1822.	1826.	Importation.
	qx. métriq.	qx. métriq.	qx. métriq.	qx. métriq.	qx. métriq.	qx. métriq.	qx. métriq.	qx. métriq.	fr.
Plomb battu ou laminé…………	37	367	1	1.166	»	»	330	1.165	55
— ouvré de toute sorte………	7	632	9	710	»	»	615	701	100
Céruse (blanc de plomb)………	12.713	53	12.671	31	12.660	12.640	»	»	73
Cuivre battu ou laminé………	180	552	105	2.507	»	»	372	2.402	240
— filé………………………	16	21	»	14	»	»	5	14	»
Laiton battu ou laminé………	206	13	109	114	193	»	»	5	280
— filé………………………	19	25	18	149	»	»	6	131	830
Zinc laminé………………………	175	469	95	36	»	59	294	»	80
— ouvré……………………	»	2	»	6	»	»	2	6	»
Étain battu ou laminé………	»	3	»	6	»	»	3	6	»
— ouvré……………………	»	215	»	276	»	»	215	276	»
Bronze doré, ouvré de toute sorte..	98	114	100	100	»	»	16	»	3.000
— argenté, ouvré de toute sorte..	196	5	46	11	191	35	»	»	900
Caractères d'imprimerie………	6	279	9	215	»	»	273	206	400
Vermillon (sulfure de mercure)…	85	8	31	8	77	23	»	»	525
Orpiment et Réalgar (sulfure d'arsenic, jaune ou rouge)……	62	6	127	11	56	116	»	»	90
Fonte moulée………………………	466	8.594	prohibée.	10.018	»	»	8.128	10.018	»
Faulx………………………………	3.288	65	3.207	108	3.223	3.099	»	»	300
Faucilles et instrumens aratoires…	304	395	274	568	»	»	91	294	400
Limes et Râpes, communes………	2.246	10	3.023	5	2.236	3.018	»	»	250
— fines…………………	334	4	783	22	330	761	»	»	350
Scies communes…………………	93	»	306	21	93	285	»	»	250
— fines…………………	138	»	198	14	138	184	»	»	350
Tôle…………………………………	96	152	137	163	»	»	56	26	85
Fer-Blanc……………………………	2.398	105	3.575	61	2.293	3.514	»	»	110
Fil de fer……………………………	2	2.249	25	2.425	»	»	2.247	2.400	110
Coutellerie……………………………	prohibée.	1.498	prohibée.	1.112	»	»	1.498	1.112	»
Outils de pur fer………………	74	1	151	383	73	»	»	232	200
— de fer rechargé d'acier……	1.242	4	1.309	744	1.238	565	»	»	250
— de pur acier………………	262	»	477	140	262	337	»	»	400
— de cuivre ou de laiton……	6	»	5	31	6	»	»	26	420
Armes blanches de traite………	prohibée.	70	prohibée.	37	»	»	70	37	»
— de luxe…………………	18	212	53	420	»	»	194	367	700
Armes à feu de traite………………	prohibée.	500	prohibée.	1.182	»	»	500	1.132	»
— de luxe…………………	127	448	226	323	»	»	321	97	2.000
Vitriol vert (sulfate de fer)……	73	2.059	41	3.222	»	»	1.986	3.175	56
	kil.	kil.	kil.	kil.	kil.	kil.	kil.	kil.	par kil
Or battu, tiré, laminé et filé……	»	628	»	1.986	»	»	628	1.986	»
Argent, *idem*…………………	11	152	»	180	»	»	141	180	»
Bijouterie d'or ou de vermeil……	5	482	5	756	»	»	477	751	5.500
— d'argent…………………	1	281	7	391	»	»	280	384	470
Orfévrerie d'or ou de vermeil……	1	144	»	225	»	»	143	225	»

ON	EXPORTATION	IMPORTATION	EXPORTATION	en 1822.	en 1826.	en 1822.	en 1826.	Importation.	Exportation.	en 1826.	en 1826.
q.	qx. métriq.	qx. métriq.	qx. métriq.	qx. métriq.	qx. métriq.	qx. métriq.	qx. métriq.	fr.	fr.	fr.	fr.
17	367	1	1.166	»	»	330	1.165	55	55	55	64.130
7	632	9	710	»	»	625	701	100	130	900	92.300
3	53	12.671	31	12.660	12.640	»	»	73	73	924.983	2.263
10	552	105	2.507	»	»	372	2.402	240	310	25.200	802.240
6	21	»	14	»	»	5	14	»	380	»	5.320
6	13	109	114	193	»	»	5	280	280	30.520	31.920
9	25	18	149	»	»	6	181	830	300	14.940	44.700
5	469	95	36	»	59	294	»	80	80	7.600	2.880
»	2	»	6	»	»	2	6	»	350	»	2.100
»	3	»	6	»	»	3	6	»	350	»	2.100
»	215	»	276	»	»	215	276	»	300	»	82.800
8	114	100	100	»	»	16	»	3.000	8.250	300.000	825.000
6	5	46	11	191	35	»	»	900	3.900	41.400	42.900
6	279	9	215	»	»	273	206	400	450	3.600	96.750
5	8	31	8	77	23	»	»	525	750	16.275	6.000
7	6	127	11	56	116	»	»	90	110	11.430	1.210
6	8.594	prohibée.	10.018	»	»	8.128	10.018	»	35	»	350.630
8	65	3.207	108	3.223	3.099	»	»	300	400	962.100	43.200
4	895	274	568	»	»	91	294	400	500	109.600	284.000
6	10	3.023	5	2.236	3.018	»	»	250	315	755.750	1.575
4	4	783	22	330	761	»	»	350	500	274.050	11.000
3	»	306	21	93	285	»	»	250	315	76.500	6.615
8	»	198	14	138	184	»	»	350	450	69.300	6.300
6	152	137	163	»	»	56	26	85	100	11.645	16.300
8	105	3.575	61	2.293	3.514	»	»	110	150	393.250	9.150
2	2.249	25	2.425	»	»	2.247	2.400	110	100	2.750	242.500
fe.	1.498	prohibée.	1.112	»	»	1.498	1.112	»	1.200	»	1.334.400
4	1	151	383	73	»	»	232	200	260	30.200	99.580
2	4	1.309	744	1.238	565	»	»	250	330	327.250	245.520
2	»	477	140	262	337	»	»	400	520	190.800	72.800
6	»	5	31	6	»	»	26	420	500	2.100	13.500
fe.	70	prohibée.	37	»	»	70	37	»	500	»	18.500
8	212	53	420	»	»	194	367	700	1.800	37.100	756.000
ie.	500	prohibée.	1.132	»	»	500	1.132	»	450	»	509.400
7	448	226	323	»	»	321	97	2.000	1.500	452.000	484.500
3	2.059	47	3.222	»	»	1.986	3.175	56	56	2.632	180.432
l.	kil.	kil.	kil.	kil.	kil.	kil.	kil.	par kil.	par kil.		*
»	628	»	1.986	»	»	628	1.986	»	1.770	»	3.515.220
1	152	»	180	»	»	141	180	»	600	»	108.000
5	482	5	756	»	»	477	751	5.500	5.500	27.500	4.158.000
1	281	7	301	»	»	280	284	470	[illegible]	[illegible]	[illegible]

Produits envoyés à l'Exposition de 1827.

Après avoir constaté les faits généraux, qu'il importait de connaître pour pouvoir entrer dans l'examen des produits exposés, considérons l'espèce, le nombre et l'origine des envois que réunit l'Exposition de 1827.

Des produits en plomb sont présentés par quatre départemens (Nord, Seine-Inférieure, Loiret, Seine). L'Exposition réunit onze envois de ce genre; ils consistent en feuilles de plomb laminé, en feuilles de plomb coulé, en tuyaux de plomb étirés à la filière et sans soudure, en céruse ou blanc de plomb, et en minium ou oxide rouge de plomb. Plomb.

Le plomb laminé et le plomb étiré en tuyaux sont les produits de trois grands ateliers, qui existent pour cet objet dans le département de la Seine. Le plomb coulé provient aussi d'une manufacture établie dans la capitale.

La céruse, dite blanc de plomb, est préparée dans six fabriques distinctes, dont deux sont situées dans le département du Nord, une dans le département de la Seine-Inférieure, à Rouen, une dans le département du Loiret, à Orléans, et deux dans le département de la Seine. Le minium, ou oxide rouge de plomb, provient d'une manufacture qui est située dans le département de la Seine-Inférieure, à Rouen.

Les produits en cuivre proviennent de quatre départemens (Haute-Garonne, Nièvre, Isère, Seine). L'Exposition offre onze envois de cuivre, Cuivre.

parmi lesquels sept appartiennent à des fabriques situées dans le département de la Seine.

Du cuivre laminé en feuilles de grandes dimensions, des planches du même métal, des fonds de chaudière emboutis au martinet, des feuilles de doublage, des clous et des tringles pour le service de la marine, sont présentés par trois établissemens, qui existent, l'un dans le département de la Nièvre, à Imphy, l'autre, dans le département de la Haute-Garonne, à Toulouse, et le troisième, dans le département de l'Isère, à Pont-l'Évêque, près Vienne.

Les sept fabriques susmentionnées du département de la Seine ont exposé du cuivre rouge laminé, des lingots et des barres de cuivre préparés pour les divers besoins des arts, un cylindre en cuivre rouge ajusté sur un axe mobile, et propre à recevoir la gravure pour servir ensuite à l'impression des toiles, d'autres cylindres du même genre en cuivre allié, qui sont propres, les uns à la gravure, les autres au guillochage, divers ustensiles en cuivre battu, tels que moules, bassinoires et bouilloires à thé, des bustes du même métal repoussés au marteau, et des cafetières exécutées au tour par un nouveau procédé.

Laiton. De belles feuilles de laiton, ou cuivre jaune, proviennent de l'usine de Pont-l'Évêque, près Vienne (Isère).

Zinc. Deux envois de zinc figurent parmi les produits exposés; l'un provient de l'usine de Pont-l'Évêque (Isère); il consiste en planches de zinc laminé; l'autre provient du département de la Seine; il comprend divers objets fabriqués avec ce métal.

Étain. Un seul envoi d'étain se fait remarquer à l'Exposition : c'est un produit du département de la Seine; il consiste en une feuille d'étain, de très-grandes dimensions, pour l'étamage des glaces, en planches destinées à la gravure de la musique, et en paillons coloriés, ou feuilles minces d'étain.

Bronze.

Seize envois d'ouvrages en bronze sont exposés par le département de la Seine : parmi ces nombreux produits, on distingue des candélabres et des lustres, des ornemens d'Église, des surtouts de table, des bustes et des statues, des pendules, des ornemens pour meubles, des galeries de cheminée, un lit en bronze, divers ouvrages ciselés et divers objets de bijouterie en bronze doré. Outre cela, quatre envois de cloches, de carillons et de timbres en bronze sont présentés par le département de la Seine.

Fonte de fer.

Vingt-six envois de produits en fonte de fer proviennent de dix départemens. Onze de ces envois sont présentés par les départemens du Cher, de la Nièvre, de l'Eure, d'Eure-et-Loir, de la Manche, du Jura, du Haut-Rhin et du Bas-Rhin ; ils consistent en échantillons de fonte propre au moulage, en pièces de machines, en moyens de construction pour les hauts-fourneaux, en lits, marmites, chenets, boîtes de roues, médailles, et autres objets exécutés en fonte moulée. Un autre envoi est adressé par le département de l'Isère comme un résultat d'essais récemment tentés : c'est de la fonte brute, qui a été obtenue d'un haut-fourneau établi à Vizille pour la fusion du minerai de fer par le moyen de l'anthracite (houille sèche), employée comme combustible.

Les quatorze autres envois de fonte de fer sont les produits d'ateliers situés dans le département de la Seine. Parmi ces nombreux objets, on remarque un moyeu de roue d'engrenage de très-grandes dimensions, qui a été exécuté dans la fonderie de Charenton près Paris, diverses autres pièces de machines, des roues d'engrenage, des cylindres de laminoir, des foyers de cheminée, des balcons, des statues, des candélabres, une console, une borne, des mortiers en fonte de fer moulée, des marmites, des chenets, des médailles, des bijoux et divers autres objets d'ornement exécutés avec la même matière.

Fer. Onze envois de fer en barres, en verges et en rubans, de fers ronds, et de fers diversement façonnés, sont adressés à l'Exposition par dix départemens (Lot-et-Garonne, Haute-Vienne, Cher, Nièvre, Indre, Loire-Inférieure, Doubs, Bas-Rhin, Meuse, Seine).

Une grande partie de ces produits très-variés provient d'établissemens qui n'ont été formés en France, ou mis en grande activité, que depuis l'Exposition de 1823, et dans lesquels on convertit la fonte en fer par le moyen de la houille, avec le secours du laminoir; tels sont les fers que présentent les forges de la Basse-Indre (Loire-Inférieure), de Fourchambault (Nièvre), de Moncey (Doubs), d'Abainville (Meuse), de Charenton (Seine) et du Creusot (Saône-et-Loire).

Les autres produits en fer forgé ont été obtenus par le moyen du charbon de bois et du marteau; tels sont, des fers en verges pour la clouterie, produits du département de l'Indre; des bandes d'affût de siége, et du fer affiné par la méthode catalane, du département de Lot-et-Garonne; des fers de différens échantillons, des départemens de la Haute-Vienne et du Bas-Rhin; des fers en barres de petites dimensions, et une embature de roue, percée à froid par le moyen d'une machine, produits du département du Cher.

Vingt envois d'acier proviennent de treize départemens (Ariége, Haute-Garonne, Aude, Isère, Nièvre, Orne, Indre-et-Loire, Loiret, Côte-d'Or, Doubs, Haute-Sâone, Bas-Rhin, Seine). Acier.

Parmi ces produits, on distingue l'acier naturel, l'acier fondu, et l'acier cémenté.

L'acier naturel est raffiné pour broches de filatures, coins, matrices et burins, dans le département de la Côte-d'Or; pour faulx et limes, dans le département de l'Ariége; pour outils et armes blanches, dans le département du Bas-Rhin; pour ressorts de voitures, dans le département de l'Isère et ailleurs; pour limes, outils et coutellerie, dans le département de la Haute-Saône; pour la fabrication des filières, dans le département de l'Orne.

L'acier fondu est employé dans le département du Bas-Rhin pour la fabrication des faulx, des limes et des ressorts; le département de la Seine présente aussi de l'acier fondu, qui provient de deux ateliers situés, l'un à Bercy, l'autre à Bougival (Seine-et-Oise).

Enfin, les produits en acier, qui sont adressés à l'Exposition par plusieurs autres départemens susmentionnés (tels que Haute-Garonne, Aude, Indre-et-Loire, Loiret), consistent en aciers cémentés et corroyés, qui sont propres à la fabrication des limes, des faulx, des outils et de la coutellerie.

Huit envois de faulx ont été adressés par cinq départemens (Haute-Garonne, Ariége, Puy-de-Dôme, Bas-Rhin, Doubs); ce dernier présente seul quatre envois. Dans plusieurs des manufactures de faulx, on prépare direc- Faulx.

tement l'acier qui est employé pour cette importante fabrication.

Limes et râpes. Dix-huit envois de limes et râpes proviennent de onze départemens (Pyrénées-Orientales, Aude, Ariége, Haute-Garonne, Puy-de-Dôme, Nièvre, Indre-et-Loire, Loiret, Seine, Hte.-Marne, Bas-Rhin).

Ce nombre d'envois distincts comprend les produits de plusieurs grands établissemens où l'on fabrique l'acier, et ceux de plusieurs manufactures de limes, dans lesquelles on emploie l'acier tiré du commerce.

Parmi les grands ateliers de ce genre, qui préparent l'acier qu'ils emploient, on distingue la fabrique de limes qui existe dans le département d'Indre-et-Loire, à Amboise, celle de Toulouse (Haute-Garonne), celles de Pamiers et de Foix (Ariége), celle des forges de Gincla (Aude), celles de Cholet et de Raveau (Nièvre), celle de Molsheim (Bas-Rhin).

Quant aux autres fabriques de limes, dont les produits sont exposés, l'acier qu'elles emploient provient, en général, d'autres usines, et principalement d'usines françaises. C'est ainsi, par exemple, qu'une fabrique de limes établie à Brevannes (Haute-Marne) tire l'acier de Rive (Isère), de Pont-du-Bois (Haute-Saône), de la Hütte (Vosges), de la Bérardière et de Trablaine (Loire) et de Bart (Doubs); cette fabrique n'ajoute aux matières premières que lui fournissent les usines françaises, qu'une petite quantité d'acier tiré de l'Angleterre.

Scies. Cinq envois de scies sont adressés par quatre départemens (Puy-de-Dôme, Seine, Doubs, Bas-Rhin); ce dernier a envoyé les produits de deux fabriques situées, l'une à Molsheim, l'autre à Zornhoff.

Les produits de ce genre consistent en scies laminées et *trempées*, c'est-à-dire, battues à froid, en scies martinées et demi-trempées, scies-ressorts, scies pour mécaniques, scies de forme circulaire, scies pour scieurs de long, et autres.

Cinq envois de tôles laminées et de fers-noirs ou de tôles en caisses proviennent de trois départemens (Haute-Saône, Côte-d'Or, Nièvre); ce dernier présente les produits de trois fabriques de ce genre, qui existent à Imphy, à Pont-Saint-Ours et à Raveau. Tôle.

L'établissement d'Imphy expose de grandes feuilles de tôle de fer, et des fonds de chaudière en fer battu, de grandes dimensions; celui de Pont-Saint-Ours, de la tôle de fer laminée, et des fers-noirs; celui de Raveau, une grande feuille de tôle d'acier.

L'usine de la Chaudeau (Haute-Saône) présente aussi des tôles laminées de grandes dimensions et des tôles très-minces; l'usine de Bèze (Côte-d'Or), des tôles de fer et d'acier.

Nous aurons occasion de revenir sur les produits de ces fabriques, en considérant les fers-blancs, ou tôles étamées, qui figurent aussi parmi leurs produits.

Divers ouvrages en tôle repoussée au marteau, tels que figures et tableaux en relief, sont exposés par deux ateliers situés, l'un dans le département des Bouches-du-Rhône, l'autre dans le département de la Seine, à Paris. Ces ouvrages attestent la bonne qualité de la tôle française.

Cinq envois de fer-blanc sont présentés par trois dépar^{ts}. (Vosges, H^{te}.-Saône, Nièvre); chacun de ces deux derniers a fait deux envois distincts. Fer-blanc.

A côté des produits envoyés par les établissemens de ce genre, on a exposé aux regards du public différens objets, tels que des calottes hémisphériques, et d'autres ouvrages, que le Jury central a fait exécuter avec le fer-blanc qui provient de chacune des manufactures, afin de pouvoir les comparer entre elles, d'après les résultats de ces essais.

L'usine de Bains (Vosges), présente de grandes feuilles de fer-blanc, fabriquées à l'aide du laminoir.

L'usine de Pont-sur-l'Ognon (Haute-Saône) expose des fers-blancs *brillans*; celle de la Chaudeau, située dans le même département, des feuilles de fer-blanc laminé, de grandes dimensions.

L'usine d'Imphy et l'usine de Pont-Saint-Ours (Nièvre) présentent les différentes sortes de fer-blanc, qui sont connues sous les noms de brillant, de clinquant, de terne, et de fer-blanc propre à emboutir.

Un fabricant établi à Paris a exposé des ouvrages en fer-blanc, tels que moules à pâtisserie et autres objets en relief, qui prouvent la ductilité des fers-blancs que l'on obtient aujourd'hui en France, exclusivement à l'aide du laminoir.

Tréfileries. Dix envois de fil de fer, d'acier, de laiton, de cuivre, de cordes métalliques, et d'ouvrages en fil de fer, proviennent de sept départemens (Vosges, Doubs, Eure, Orne, Nièvre, Oise, Seine);

Les fils de fer sont exposés par quatre de ces départemens (Vosges, Doubs, Eure, Orne);

Le fil d'acier, par deux départs. (Seine, Nièvre);

Le fil de laiton, par deux autres (Eure, Orne);

Des fils à cardes, et pour toiles métalliques, par le département de l'Oise;

Du fil de cuivre, par le département de l'Orne;

Des cordes métalliques pour pianos, et des ouvrages en fil de fer, par le départemt. de la Seine.

Un envoi d'aiguilles provient d'une manufacture établie à l'Aigle, dans le département de l'Orne. Aiguilles.

Douze envois de plaques et rubans de cardes pour la fabrication des étoffes sont présentés par six départemens (Haut-Rhin, Nord, Eure, Oise, Seine-et-Oise, Seine); ce dernier expose les produits de cinq fabriques de ce genre, dont quatre sont établies à Paris, et une à Saint-Denis. Cardes.

Sept envois de peignes et rots pour le tissage des étoffes proviennent d'ateliers situés dans le département de la Seine, à Paris, et dans le département du Rhône, à Lyon. Peignes et rots.

Deux envois d'alênes et poinçons pour cordonniers et selliers sont les produits de deux fabriques qui existent dans le département de la Meurthe, l'une à Saint-Sauveur, et l'autre à Badonvilliers. Alênes.

Sept envois de toiles et tissus métalliques en fer, en cuivre et en laiton, sont adressés par trois départemens (Bas-Rhin, Nord, Seine); ce dernier expose les produits de cinq ateliers situés à Paris. Toiles métalliques.

Cinq envois de clous en fer et en cuivre, de clous d'épingle, et de clous fabriqués à froid par des procédés mécaniques, proviennent de cinq départemens (Jura, Haut-Rhin, Meurthe, Nord, Eure). Clouterie.

Quatre envois d'acier poli et de bijouterie d'acier sont exposés par le département de la Seine; Acier poli.

Dix-sept envois d'ouvrages de serrurerie, par quatre départem^{s}. (H^{tes}.-Alpes, H^{t}.-Rhin, Moselle, Seine); ce dernier présente treize de ces envois; ils consistent en secrétaires ou en coffres-forts de fer, en ferrures employées dans la voiture du Sacre du Roi, en châssis de tôle pour fenêtres, en châssis de fenêtre à tabatière, en une machine Serrurerie.

à forer les métaux, en serrures et cadenas à combinaisons, en une porte de sûreté, et en un modèle d'atelier de serrurerie.

Coutellerie.

Quarante-neuf envois de coutellerie font partie de l'Exposition; ils sont présentés par six départemens : par la Seine, au nombre de 30 ; — Puy-de-Dôme, 14 ; — Vienne, 2; — Hte.-Vienne, 1; —Vosges, 1; — Manche, 1.

Les produits des trente fabriques du département de la Seine, qui sont exposés, consistent en rasoirs, taille-plumes, instrumens de chirurgie et autres objets de coutellerie, tant fine que commune.

Les quatorze fabriques du Puy-de-Dôme, établies à Thiers et à Saint-Remy, ont envoyé des couteaux, des rasoirs et d'autres ouvrages du même genre.

Les deux fabriques de la Vienne, situées à Châtellerault, présentent des couteaux à plusieurs pièces, des couteaux à lames d'acier, et d'autres à lames d'argent; la fabrique de la Hte.-Vienne, des ciseaux et des greffoirs; la fabrique des Vosges, établie à Bruyères, divers objets en coutellerie commune; la fabrique de Saint-Lô (Manche), des rasoirs et des serpettes à plusieurs pièces. Un fabricant établi à Saulieu (Côte-d'Or) expose un nouvel instrument qu'il nomme *euthégone*, et qui est destiné à faire couper les rasoirs.

Outils divers.

L'Exposition réunit cinquante envois d'outils, d'instrumens et d'ustensiles divers, fabriqués avec les métaux ; ces envois sont adressés par dix-huit départemens : par la Seine, au nombre de 24 ; — Nièvre, 6 ; — Loiret, 2 ; — Loire-Inférieure, 2 ; — Bas-Rhin, 2 ; — Haut-Rhin, 3.

Onze autres départemens présentent chacun les produits d'une fabrique (Haute - Marne,

Aisne, Haute-Garonne, Haute-Saône, Seine-et-Oise, Doubs, Oise, Orne, Maine-et-Loire, Nord, Meuse).

Les produits des vingt-quatre fabriques susmentionnées, du département de la Seine, consistent en outils à l'usage des taillandiers, des jardiniers, des menuisiers, des ébénistes, des selliers, bourreliers, et autres artisans, en burins, rifloirs, brunissoirs, et autres instrumens pour les graveurs et ciseleurs, en étaux et cisailles, moulins à café, sondes pour les travaux des mines, en lits de fer, mortiers de cuivre, dés à coudre de cuivre et d'acier, marteaux propres à tailler les meules de moulin, filières, et outils propres à percer les filières, en tubes de fer revêtus de laiton, espagnolettes de fenêtre, barreaux de rampe d'escalier, et lits, fabriqués avec ces tubes.

Les six fabriques de la Nièvre exposent des ressorts et des essieux de voitures, des lits, des chaînes-câbles en fer pour le service de la marine, et divers autres objets, de taillanderie, de quincaillerie et de ferronnerie ; les deux fabriques du Loiret, des chandeliers et des étrilles en fer ; les deux fabriques de la Loire-Inférieure, des chaînes-câbles en fer, des outils et ustensiles divers ; les deux fabriques du Bas-Rhin, des outils et d'autres objets de grosse quincaillerie ; les trois fabriques du Haut-Rhin, différentes pièces de poêlerie en fer étamé, des mouvemens d'horlogerie, des tourne-broches à ressort, des étrilles et des couchettes en fer.

Pour chacun des onze autres départemens susmentionnés, les produits de ce genre consistent en divers objets de quincaillerie et de ferronnerie, parmi lesquels on remarque des clefs de voiture, des étaux, et des outils de tonnelier, produits de la Haute-Saône.

Armes blanches.

Quatre envois d'armes blanches sont adressés par trois départemens (Bas-Rhin, Nièvre, Seine); ce dernier présente deux envois.

Les produits de ce genre consistent en lames de sabre damassées, en casques et en cuirasses. Les lames de sabre damassées proviennent de la Nièvre et de la Seine; les casques, de ce dernier département, et les cuirasses, du Bas-Rhin.

Armes à feu.

Vingt envois d'armes à feu sont présentés par sept départ[s]. (Meuse, Ardennes, Loire, Eure-et-Loir, Indre-et-Loire, Yonne, Seine); ce dernier expose les produits de quatorze fabriques établies à Paris; ils consistent en fusils et pistolets à percussion, en canons de fusil à rubans, en armes de guerre et de chasse, diversement combinées, en amorces et poires à poudre, en un riche nécessaire de pistolets, en une belle carabine à double détente.

Les six autres départemens ont envoyé les produits suivans: le département de la Meuse, une pièce d'artillerie en rubans de fer;—Ardennes, un canon de fusil double, damassé;—Loire, de riches pistolets;—Eure-et-Loir, une paire de pistolets et un petit modèle de carabine;—Indre-et-Loire, un fusil à percussion avec ses accessoires, et un fusil à percussion avec canon damassé; — Yonne, des capsules imperméables, pour les fusils à piston.

Orfévrerie.

Trois envois d'ouvrages en orfévrerie sont de riches produits du département de la Seine. Parmi ces ouvrages, on remarque une grande statue de la Vierge, en argent, une châsse ornée de statues du même métal, et divers ustensiles, ornemens ou vases, dont nous n'avons pas à déterminer le mérite sous le rapport des formes, mais dont on peut dire, sous le rapport de la métallurgie, qu'ils sont habilement exécutés.

La même remarque s'applique aux objets suivans:

Caractères d'imprimerie.

Six envois de caractères d'imprimerie, produits du département de la Seine, consistent en caractères fondus par le procédé polyamatique, en épreuves de caractères gravés, en fleurons et en assortimens de caractères fondus par divers procédés.

Plaqué.

Cinq envois d'ouvrages en plaqué sont présentés par le département de la Seine; ce sont des objets en cuivre doublé d'or ou d'argent, tels que des ornemens d'Église revêtus d'or, des services de table, des baignoires et un guéridon, revêtus d'argent.

Platine.

Trois envois de platine proviennent du même département (de la Seine). L'un consiste en une grande lame, ou planche laminée, de ce métal; l'autre, en divers bijoux de platine; le troisième, en capsules, en vases, et en un siphon de platine, pour la décantation de l'acide sulfurique bouillant.

Palladium.

A ce dernier envoi est jointe une coupe de palladium, nouveau métal qui, pour la première fois, est employé à la fabrication d'un vase de grandes dimensions.

Résumé.

En résumé, l'Exposition de 1827 réunit 354 envois de produits métallurgiques, en 33 genres différens de fabrication, et ces produits proviennent de 42 départemens. De tout ce qui précède, on peut conclure que, depuis l'Exposition de 1823, l'industrie métallurgique a fait en France des progrès importans; que, dans une moitié du Royaume, le travail qui s'applique aux métaux est en grande activité, et qu'il contribue puissamment à la prospérité publique.

DEUXIÈME PARTIE.

Détails concernant les produits métallurgiques, exposés en 1827.

Plus on reconnaît de progrès dans l'ensemble des ateliers métallurgiques, plus il devient difficile de choisir, dans un si grand nombre de fabricans industrieux, ceux qui méritent d'être distingués. C'est pourquoi il nous paraît juste et nécessaire d'entrer dans les détails qui sont propres à faire bien connaître les principaux établissemens.

Plomb. M. Lenoble, à Paris, fabrique, depuis neuf ans, des tuyaux étirés sans soudure et à la filière, par le moyen d'une machine à vapeur, sur des mandrins en fer, de 12 pieds de longueur (3^m,897), dont le diamètre varie depuis 4 pouces jusqu'à 4 lignes (0^m,108 à 0^m,009), y compris tous les calibres intermédiaires; il répand aussi dans le commerce du plomb laminé en tables de toute épaisseur. Ce fabricant emploie annuellement 6.000 quintaux métriques de plomb neuf, qu'il tire d'Angleterre et d'Espagne; il y ajoute environ 500 quintaux métriques de vieux plomb.

Pour les tuyaux de 4 pouces de diamètre, le poids d'un pied de tuyau est réglé ainsi qu'il suit, d'après les diverses épaisseurs, auxquelles correspondent les dénominations ci-après :

	kil.
Le pied de tuyau *très-fort*, de 4 lig. d'épaiss., pèse.	12, 92
——— *fort*, de 3 ———	9, 68
——— *mince*, de 2 ———	6, 78

Pour les tuyaux de 1 pouce de diamètre,

	kil.
Le pied de tuyau *fort*, de 2 lig. d'épaiss., pèse.	1, 80
——————— *mince*, de 1 ligne 1/2 ———	1, 34
——————— *très-mince*, de 1 ligne———————	0, 90

Pour les tuyaux de 4 lignes de diamètre,

Le pied de tuyau *très-mince*, de 3/4 de lig... ——	0, 22

Entre ces limites, tout est réglé proportionnellement par un tarif, ainsi qu'on va le voir :

Pour tous les tuyaux *minces*, quand le diamètre excède 1 pouce ($0^m,027$), de même que pour les tuyaux de 1 pouce ou de 9 lignes de diamètre, quand ils sont *forts*, c'est-à-dire quand les premiers ont d'épaisseur 2 lignes, et les seconds 2 lignes 1/4, le prix fixé est de 65 centimes le kilogramme. Ce même prix est celui de tous les tuyaux *très-forts*, c'est-à-dire de ceux qui, ayant plus de 1 pouce de diamètre, ont 4 lignes d'épaisseur.

Quant aux tuyaux *minces*, ou *très-minces*, le prix du pied de tuyau ayant 1 pouce de diamètre, est de 1 fr. 10 c. le kilogramme, et celui du pied de tuyau ayant 4 lignes de diamètre, est de 35 centimes.

Le plomb laminé est en tables dont l'épaisseur varie entre une ligne $\frac{3}{4}$ et $\frac{1}{4}$ de ligne :

Le prix fixé, pour les épaisseurs de 1 ligne 3/4 et de 1/2 ligne, est de 65 cent. par kilogramme, comme pour les tuyaux *minces*, ayant 1 pouce de diamètre et au-dessus.

Ces faits, comparés avec les données générales que nous avons exposées, prouvent que la manufacture dont il s'agit a fait des progrès depuis l'Exposition de 1823; elle consomme la dix-huitième partie du total de plomb, que met en œuvre l'industrie française; elle a contribué à l'accroissement d'emploi de ce métal ; elle augmente la valeur du plomb brut d'environ un quart en sus de son prix.

La flexibilité des tuyaux que fabrique M. Lenoble est attestée par le fréquent usage que l'on en fait à Paris, pour la distribution du gaz d'éclairage. Dans l'annonce de ses produits, il assure que la fabrication du plomb laminé, ou étiré, n'admet qu'un métal pur, de première qualité, mais que la fabrication du plomb coulé peut, au contraire, admettre un métal de qualité inférieure, dont les défauts se trouvent ainsi dissimulés, et ne se découvrent que par l'usage.

Une société anonyme pour la manutention du plomb, établie à Clichy-la-Garenne, près Paris, a exposé des tuyaux étirés sans soudure, et de 40 pieds de longueur (12^{m},993), un corps de pompe avec tuyau d'aspiration adhérent, et des tables de plomb laminé. Cette manufacture n'existe que depuis quatre ans; elle emploie une machine à vapeur, de la force de vingt chevaux; elle occupe vingt ouvriers; elle répand annuellement dans le commerce 10.000 quint. mét. de plomb fabriqué, soit en tables laminées, soit en tuyaux étirés. Les tables ont communément une longueur de 30 à 36 pieds, avec une largeur qui s'étend jusqu'à 8 pieds. Les tuyaux présentent divers diamètres intérieurs qui varient entre 4 pouces et 3 lignes, avec une longueur qui atteint 40 pieds.

Le corps de pompe exposé est un tube de 5 pieds de long, qui a 4 pouces de diamètre intérieur, avec une épaisseur de 6 lignes, et qui porte un tuyau d'aspiration, de 15 lignes de diamètre, de 2 lignes d'épaisseur, et de 30 pieds de long. Tout cet appareil est exécuté sans aucune soudure. Pour cet effet, un seul tuyau de plomb est d'abord étiré à la filière, sur un mandrin en fer, de 18 pieds de long; puis, il est successivement chargé de cinq autres filières dont le diamètre décroît, ce qui détermine le rétrécissement du tube; enfin, le tuyau adhérent est étiré à une septième filière, sans le secours d'aucun mandrin, jusqu'à sa longueur totale de 40 pieds, ce qui permet alors de retirer toutes les filières de dessus le tuyau. Ce procédé, neuf et ingénieux, offre l'avantage d'éviter les soudures, et de diminuer le prix de la main-d'œuvre. Dans l'usine de Clichy, l'on se propose de l'employer avec les modifications convenables pour exécuter, sans soudure, des tuyaux à trois branches. Dès-à-présent, cette usine importante se recommande par la belle exécution des produits exposés, et par la modération des prix.

MM. Voisin et Compagnie, à Paris, exposent douze rouleaux de plomb coulé en feuilles de diverses épaisseurs. Cette manufacture emploie annuellement 8.000 quintaux métriques de plomb; elle occupe quinze ouvriers. C'est uniquement en plomb coulé, qu'elle exécute, soit les tables, soit les tuyaux de ce métal, qui lui sont demandés par un grand nombre de consommateurs. Dans cette ancienne manufacture, on regarde comme certain, et l'on s'applique à prouver, par la bonne qualité des produits, que le procédé qui consiste à couler le plomb en tables fournit des ouvrages beaucoup plus durables que ceux qui résultent de l'emploi du laminoir; on y reproche au plomb laminé de pouvoir être disposé par couches, rempli d'écailles et de gerçures, et d'être par conséquent sujet à se détériorer ; voilà pourquoi l'on s'y est borné à perfectionner l'ancien procédé. On y a réussi, en employant des moules exacts pour les tuyaux, des tables de pierre pour les feuilles minces, et des tables revêtues de sable pour les feuilles épaisses.

Voici les dimensions et les prix des produits ainsi fabriqués :

Depuis 1 ligne d'épaisseur et au-dessus, les tables de plomb coulé ont 25 pieds de long (8m,120) sur 6 à 6 pieds 1/2 de largeur (1m,946 à 2m,111) ; au-dessous d'une ligne d'épaisseur, elles ont 20 pieds de long, sur 4 pieds 6 pouces de large. L'épaisseur diminue jusqu'à 1/3 de ligne ; communément, pour les tables destinées à former des chéneaux, elle est de 1 ligne à 3/4 de ligne. Cette dernière épaisseur est celle des plombs en tables pour couverture.

Le prix fixe de la façon est de 5 centimes par livre, ou de 10 fr. par quintal métrique. Le prix du quintal métrique de plomb coulé en tables est en ce moment de 60 fr.

La flexibilité et l'homogénéité des feuilles exposées prouvent la bonne qualité du métal que cette manufacture livre au commerce. L'épaisseur parfaitement uniforme de chaque feuille, ou table, atteste une fabrication très-soignée.

M. Partarrieu, au nom de l'ancienne manufacture royale de plomb laminé, à Paris, rue de Béthisy, n°. 1, expose quatre rouleaux de plomb en tables, dont l'épaisseur varie entre $\frac{1}{4}$ et $\frac{3}{4}$ de ligne ; la largeur de chacune de ces tables est de 8 pieds 4 pouces, et la longueur de 10 à 12 pieds. Dans cette manufacture, on fabrique ordinairement des tables de plomb laminé, dont la longueur est de 20 à 30 pieds (6m,496 à 9m,745), et dont la plus grande largeur est de 8 pieds 6 pouces (2m,760). Ces produits, exécutés par les procédés du laminage ou de l'étirage, jouissent dans le commerce d'une estime qui est justifiée par leur bonne qualité, ainsi que par la modération du prix : il est de 65 fr. par quintal métrique pour les tuyaux étirés et pour les plombs en tables de l'épaisseur ordinaire. La même fabrique fournit des tuyaux qui n'ont que 3 lignes de diamètre, avec un $\frac{1}{8}$ de ligne d'épaisseur, et des feuilles, dites *plomb à tabac;* pour ces divers objets, elle emploie annuellement 5.000 quintaux métriques de plomb; elle occupe quinze ouvriers.

Loin de nous prononcer entre les deux procédés dont l'un consiste à couler, et l'autre à laminer le plomb en tables, nous pensons qu'ils peuvent tous deux fournir de bons produits aux consommateurs, suivant les usages auxquels on se propose d'appliquer le plomb : c'est ce qu'indique la multiplicité des commandes qui ont lieu dans les diverses usines de ce genre, malgré la différence des procédés employés.

MM. Debladis, Auriacombe, Guérin jeune et Bronzac, fabricans établis à Imphy (Nièvre), ont exposé des planches de cuivre rouge de grandes dimensions, ainsi que des fonds de chaudières en cuivre, et des feuilles de doublage, des barreaux et des cloux de cuivre, pour le service de la marine. Nous aurons occasion de considérer ailleurs les autres produits de leurs importans ateliers : ils consistent en tôle de fer, et fer-blanc. Les ateliers d'Imphy comprennent deux établissemens distincts, dont l'un a été créé par les associés actuels, en 1824. Il y existe deux machines à vapeur, d'une force totale de 116 chevaux, avec de grands attirails, tels que laminoirs

Cuivre.

et tours, qui ont été récemment établis, et dont la mise en activité ne date que de l'année 1826.

Parmi les produits exposés on remarque principalement ceux que voici :

1°. Une planche de cuivre rouge, dont

	mètres
la longueur est de. . .	5, 012,
la largeur.	2, 205,
l'épaisseur.	0, 004,
le poids. . . 391,kil.75;	

2°. Un fond de chaudière en cuivre, dont

	mètres
le diamètre est de.	2, 44
le relevé, ou la profondeur.	0, 11
le poids. . . 394,kil.5.	

Ces produits, et beaucoup d'autres qui proviennent du même établissement, attestent que la fabrication a fait de nouveaux progrès depuis l'Exposition de 1823.

Dans les ateliers d'Imphy on emploie annuellement les quantités de cuivre ci-après indiquées:

	qx. m.	
Cuivre neuf, de Russie.	6.000	8500 qx. m.
—— du pays de Mansfeld.	1.000	
Cuivre brut, du Pérou.	1.500	
Vieux cuivre provenant de la marine française....	1.500	2.000
—— des chaudronniers de France.	500	
Ainsi, le total de cuivre employé par année est de......		10.500 qx.m.;

c'est la cinquième partie de toute la quantité de cuivre qui est mise en œuvre par l'industrie française. On fabrique annuellement à Imphy environ 10.000 quintaux métriques de cuivre, tant laminé que martelé, en planches, feuilles de doublage, fonds de chaudières, barres rondes, plates, carrées, et clous.

Sur cette quantité, l'on vend :

A la marine royale, pour un prix moindre que celui des fournitures antérieures, d'après un marché conclu pour quatre ans.	3.000 qx. m.
A la marine marchande, et au commerce de chaudronnerie en France.	5.500
A la Suisse et à la Hollande, par exportation,	1.500
Total.	10.000 qx. m.

Cette exportation de cuivre battu et laminé est plus de la moitié de celle qui eut lieu pour la France entière pendant l'année 1826. (*Voy.* ci-après, Tableau N°. 4.)

En 1816, époque à laquelle fut établie l'usine d'Imphy, le cuivre brut valait, par qal. mét., . .	250 à 260 fr.
et le cuivre fabriqué ————	370 à 390
La différence était donc, pour prix de la façon, de.	120 à 130 fr.
En 1827, le cuivre brut de 1re. qualité, coûte	260 fr.
Le cuivre fabriqué à Imphy se vend, d'après les tarifs publiés.	320
Ainsi, la différence n'est plus, pour prix de façon, que de	60 fr.

Dans le travail des tôles et fers-blancs, les prix de façon de ce même établissement ont éprouvé, depuis la même époque, une réduction proportionnelle.

MM. Georges Frèrejean et fils, fabricans établis à Pont-Lévêque, près Vienne (Isère), ont exposé des produits en cuivre rouge, qui consistent en fonds de chaudières pour alambics et pour brasseries, planches pour le doublage des vaisseaux et pour le commerce, barreaux et clous de cuivre pour la marine, coupes du même métal, et feuilles pour le plaqué. Ces fabricans exercent en outre leur active industrie sur le cuivre jaune ou laiton, sur le plomb et sur le zinc. Leur grand établissement, dont les produits en cuivre furent distingués, en 1806, par une médaille d'argent, n'avait pas figuré dans les Expositions depuis cette époque : il reparaît aujourd'hui d'une manière brillante. L'industrie de MM. Frèrejean consiste principalement à purifier, par un affinage complet, des cuivres très-impurs, ou plutôt des alliages métalliques qui contiennent le cuivre allié en diverses proportions avec le plomb, le zinc, l'antimoine, l'arsenic, l'argent, l'or et le fer. Les matières premières sont tirées presque entièrement de l'Asie-Mineure et en général du Levant. On y ajoute un peu de cuivre tiré de la France, et rarement des cuivres étrangers, de Russie, d'Allemagne et du Pérou. M. Frèrejean (Victor), qui est le directeur de l'établissement, a résolu un important problème que l'on peut énoncer en ces termes : étant donné un alliage de cuivre quelconque, affiner le cuivre en grand avec avantage, c'est-à-dire, le rendre ductile et malléable, en mettant à profit les autres métaux, chacun séparément. Il a traité cette question théoriquement dans les *Annales des Mines* de 1826, tome XIII, page 229. Il en a donné la meilleure solution, en pratiquant ces opérations avec succès.

L'établissement de Pont-Lévêque, placé sur un

cours d'eau avantageux, reçoit le mouvement de quatorze roues hydrauliques dont la force représente celle de 160 chevaux.

On y emploie annuellement les quantités de métal que voici :

	qx. mét.	
Cuivre neuf, de Syrie, allié au plomb.	1.600	6.300 qx. m.
—— de Tokat, gris et rouge.	3.800	
Vieux cuivre, étamé, du Levant......	600	
Cuivre neuf, de St.-Bel et Chessy près Lyon.	300	
Vieux cuivre, de France.		800 qx. m.
Total.		7.100 qx. m.

Ce total est à-peu-près la septième partie de toute la quantité de cuivre qui est annuellement employée par l'industrie française.

L'établissement dont il s'agit fabrique, par année,

En cuivre affiné. . . . . 6.300 qx. mét.

On y obtient en outre, par l'enchaînement des opérations métallurgiques,

En plomb.	560 qx. mét.
En métal de cloche, composé d'environ 0,75 de cuivre et 0,25 d'étain.	240.

L'impureté des cuivres employés en abaisse tellement le prix d'achat, que le fabricant français qui les affine peut soutenir, par les produits qu'il en obtient, la concurrence avec les fabriques étrangères : c'est ce que prouvent les débouchés de ces marchandises.

Le cuivre obtenu se répand dans le commerce ainsi qu'il suit :

	qx. m.	
1°. En France,		
Cuivre pour fabrication d'acétate, dit *verdet*.	800	
—pour la marine marchande.	600	
—à l'état de chaudières et baquets de difficile exécution.	1.500	
—à l'état de planches.	1.200	4.850 qx. m.
Cuivre raffiné pour les fondeurs et fabricans de boutons.	500	
Cuivre en grenaille, employé dans l'établissement même, pour la fabrication du laiton.	250	
2°. En Espagne et en Amérique,		
Cuivre pour doublage de vaisseaux étrangers, qui s'exécute à Marseille.	500	
3°. En Italie,		
— pour doublage et chaudronnerie. . . .	400	1.450
4°. En Suisse,		
— en planches et chaudronnerie. . . .	400	
5°. Aux Antilles, à la Jamaïque. .	150	
Total.		6.300 qx. m.

Le prix du cuivre en planches pour la chaudronnerie est de 320 fr. le quintal mét. rendu à Paris, avec terme de six mois pour le paiement ; le prix des fonds plats et relevés est de 340 fr. le quintal métr., aux mêmes conditions. Ces prix sont encore moindres pour les marchands de cuivre en gros.

La bonne qualité du cuivre obtenu à Pont-Lévêque est de plus attestée par les produits que réunit l'Exposition de 1827 : on y remarque surtout les objets que voici :

1°. Une planche de cuivre, dont les grands côtés, ou bords latéraux, sont très-nets, quoique n'ayant pas été *affranchis*, ou coupés, ce qui, joint aux grandes dimensions de la pièce, prouve la ductilité du métal : cette pièce a,

	mèt.
de longueur..	5, 1
— largeur ..	2, 162
— épaisseur..	0, 002 ;

le poids est de 236 kilog.

2°. Un grand fond plat de chaudière d'alambic pour la distillation des cannes à sucre, objet destiné à l'Amérique, où l'Angleterre était seule en possession d'en fournir de semblables : cette belle pièce a,

	mèt.
de diamètre..........	2, 94
— de hauteur, ou relevé..	0, 165 ;

le poids est de 286 kilogr.

3°. Deux fonds de chaudière hémisphériques, ont, chacun,

	mèt.
de diamètre.........	1, 354,
de relevé ou profondeur ..	0, 685 ;

l'un pèse 121k,5; l'autre 120k, 8 ;

cette faible différence de poids indique une fabrication aussi exacte dans ses procédés, que constante dans ses résultats.

Outre les quantités susénoncées de cuivre rouge, l'établissement de Pont-Lévêque fabrique annuellement 400 quintaux métriques de laiton ou cuivre jaune, avec les 250 quintaux métriques de cuivre en grenaille, que l'on y réserve pour cet objet. (*Voyez* p. 102.)

Dans ce même établissement, on lamine aussi du zinc tiré d'Allemagne, et du plomb tiré d'Espagne. On fabrique par an 400 quintaux métriques de zinc laminé et 2.000 quintaux métriques de plomb en tables; enfin, l'on y traite des minerais de plomb argentifère et des cendres d'orfévrerie. De la réunion de ces travaux métallurgiques, on obtient :

Argent. — 600 à 800 kilog. par année,
Or.——— 20 à 30.

M. Mazarin, à Toulouse (Haute-Garonne), présente du cuivre rouge en chaudières et en feuilles. Parmi ces produits, on remarque une planche de cuivre, dont la largeur est de 4 pieds et la longueur de 8, objet très-bien exécuté.

MM. Cartier fils et Adolphe Guérin, à Paris, ont exposé vingt échantillons de cuivre, d'étain et d'alliages métalliques, préparés pour divers besoins des arts. Leur fabrique, située à Conflans-Ste.-Honorine près Paris, est un établissement formé depuis l'Exposition de 1823. Ils affinent des étains bruts du Mexique, et des cuivres bruts du Pérou et de Syrie; ils préparent le bronze, le laiton et le métal de cloche; ils traitent au laminoir le cuivre rouge pour le plaqué d'or et d'argent; ils préparent aussi le cuivre rouge pour l'*argue*, cuivre destiné à être doublé d'or, puis étiré à la filière, pour les besoins de la passementerie. Ce cuivre, d'excellente qualité, se vend à Lyon, à raison de 6 fr. le kilogr. ; ils en ont abaissé le prix à Paris, au-dessous de 5 fr. Parmi les produits exposés, on remarque de beaux échantillons de planches à graver. Ces fabricans exécutent avec succès les opérations les plus délicates de la métallurgie.

M. Thiébaut aîné, à Paris, présente des cylindres ou rouleaux, en cuivre jaune, qui sont employés pour l'impression des toiles peintes, et des rouleaux en cuivre rouge, nommés *rouleaux anglais*, pour la même destination. Ces produits sont exécutés d'une manière satisfaisante, bien ajustés sur des axes en fer, et tournés avec précision. Les ateliers de M. Thiébaut renferment une machine à vapeur et des machines propres à forer, aléser, recrouir, tarauder et tourner parallèlement.

Pour la fabrication de 400 rouleaux en cuivre allié, dont chacun pèse 190 kilog., on emploie, par année, une quantité de métal d'environ.	760,q.m.	»
Pour la fabrication de 125 rouleaux de cuivre pur, chacun du poids moyen de 70 kilog.	87,	5
De plus, pour la fabrication d'autres objets en cuivre, destinés à la construction des machines.	850,	»
Ainsi, la consommation annuelle de cuivre, dans cette fabrique, est de.	1.697,q.m.	5

Les ateliers de M. Thiébaut aîné occupent soixante-six ouvriers, tant fondeurs que mécaniciens; il approvisionne de rouleaux toutes les fabriques de Suisse, d'Alsace, de Normandie, et quelques fabriques allemandes; il vend aujourd'hui, pour le prix de 700 fr., un rouleau de cuivre allié, qui se vendait 1200 fr. il y a dix ans. La fabrication des rouleaux en cuivre rouge qui, outre l'avantage de se laisser graver par des moyens analogues à la gravure en taille-douce, et de fournir des résultats semblables, offrent celui de permettre l'emploi des couleurs corrosives, sans que le métal en soit altéré, cette fabrication, qui fut d'abord le domaine exclusif de l'Angleterre, a été introduite en France et perfectionnée, depuis un an, par M. Thiébaut aîné.

Aujourd'hui ce fabricant vend, à Paris, les rouleaux en cuivre rouge, à raison de 6 fr. 60 c. le kilogramme, tandis que la livre anglaise des mêmes produits coûte, à Manchester, 2 sch. 4 pences, ou 2 fr. 90 c., ce qui fait, pour le kilogramme, 6 fr. 38 c. Il en résulte que la différence, entre le prix français à Paris, et le prix anglais à Manchester, n'est que de 22 c. Ces détails montrent assez que l'industrie a fait de notables progrès dans les ateliers de M. Thiébaut aîné, qui fut mentionné honorablement, en 1823, pour cylindres de cuivre.

MM. Solazzo et Letellier, à Paris, exposent un cylindre en cuivre, qui est gravé par le procédé de la molette roulante. On sait que, pour l'impression des toiles, on fit d'abord usage de planches gravées, auxquelles on substitua des cylindres gravés par le moyen de poinçons qui étaient accordés entre eux de manière à former un seul bouquet, et enfoncés dans le cuivre, soit par un mouton, soit par un balancier. On était ainsi très-borné dans le choix et dans l'exécution des dessins. Par le nouveau procédé, on peut exécuter des ouvrages beaucoup plus compliqués. On grave entièrement sur un cylindre d'acier le dessin que l'on transporte ensuite sur la molette qui est un autre cylindre d'acier moins dur. Celle-ci, en roulant sur le cylindre de cuivre, le grave avec autant de promptitude que de précision. L'exécution satisfaisante d'un cylindre qui a été gravé par ce dernier procédé promet de nouveaux succès aux fabriques françaises de toiles peintes.

M. Parquin, à Paris, fait exécuter au tour, sur des mandrins en bois, composés de pièces mobiles, divers objets en cuivre, que l'on ne fait ordinairement qu'à la retreinte et à l'aide du marteau; il a établi ce nouveau genre de fabrication dans une maison de détention, à Melun; il expose trois cafetières ainsi fabriquées. Ce procédé est plus facile et moins dispendieux que celui de la retreinte. Le prix de la façon est diminué des trois quarts. Il peut en résulter une grande économie pour le consommateur. M. Parquin vend ses nouveaux ustensiles de cuivre à 25 pour 100 au-dessous du prix des mêmes objets fabriqués par le procédé ordinaire. Cette industrie naissante mérite une attention particulière.

M. Cassé fils, à Paris, expose deux bustes en cuivre rouge, très-mince, et repoussé au marteau. Chacun de ces bustes, qui sont de grandeur naturelle, ne pèse que $3^{k},5$. Cet industrieux fabricant est un des plus habiles chaudronniers de la capitale. Les deux bustes qu'il expose ne doivent être considérés que sous le rapport de son art; ils ont été choisis par le fabricant, comme réunissant les plus grandes difficultés d'exécution, et l'on peut dire qu'il les a toutes surmontées avec un succès digne d'éloges.

M. Billon, à Paris, expose des objets de chaudronnerie en cuivre parmi lesquels on distingue une bassinoire à courant d'air, qui est d'une seule pièce de retreinte, et plusieurs moules d'une exécution difficile, qui sont très-bien fabriqués avec du cuivre provenant de l'usine de Pont-l'Évêque (Isère).

M. Delbeuf, à Paris, expose des articles de chaudronnerie bien exécutés;

M. Egrot, à Paris, des brocs et un appareil en cuivre.

MM. Frèrejean, déjà cités au sujet du cuivre, ont exposé deux feuilles de laiton, ou cuivre jaune, dont voici les dimensions : Laiton.

	mèt.
Longueur......	1, 31
Largeur......	», 66;

Chacune de ces feuilles pèse 8 kilog.

La belle exécution de ces produits justifie ce que nous avons déjà dit de l'usine de Pont-l'Évêque, près Vienne (Isère).

Zinc. Le même établissement de MM. Frèrejean a présenté à l'exposition quatre planches en zinc laminé, qui sont destinées au doublage des vaisseaux; elles sont des mêmes dimensions que les planches de cuivre rouge, qu'il fournit pour le même objet. Deux de ces planches de zinc laminé ont :

	mèt.
de longueur....	1, 31
de largeur.....	», 38.

Les deux autres ont :

	mèt.
de longueur....	1, 633
de largeur......	», 488.

Les quatre ensemble pèsent 17k,2.

M. Averty, à Paris, expose un modèle de toiture en zinc, un modèle de mangeoire de chevaux doublée en zinc, et divers ustensiles et ornemens du même métal. Ce fabricant emploie annuellement 600 qx. mét. de zinc provenant de l'usine que possède M. Mosselmann à Dalcanville (Manche). M. Averty a exécuté, dans ces dernières années, les toitures de plusieurs édifices, avec ce métal; il fabrique des gouttières, tuyaux, chéneaux, couvertures d'auvents et baignoires, en zinc. Ce métal a sur le plomb l'avantage d'être plus durable, plus léger, et moins cher; il l'emporte sur le cuivre dans les bains sulfureux, en ce qu'il ne se noircit pas, et dispense de l'étamage; employé dans la couverture des édifices, il résiste aussi bien aux diverses causes de détérioration, que le cuivre, dont le prix est d'un tiers plus élevé. On estime qu'une toiture en zinc doit durer vingt ans. Elle est d'un tiers plus légère qu'en ardoise, et de moitié plus légère qu'en tuile. Le prix d'une semblable couverture soutient la concurrence avec celui de la tuile et celui de l'ardoise. Le zinc, employé en terrasse, n'offre pas comme le bitume l'inconvénient de se fondre et d'augmenter le danger en cas d'incendie. Une mangeoire de chevaux, doublée en zinc, offre l'avantage de la propreté, de l'économie des fourrages, et de la facilité avec laquelle on peut y faire boire un grand nombre de chevaux, sans les déplacer, et sans endommager le métal. Les objets fabriqués par M. Averty sont d'une belle exécution. Nous avons déjà remarqué que, depuis l'Exposition de 1823, la consommation du zinc a pris un très-grand accroissement en France, ce qui prouve que l'usage en est devenu fréquent. Les travaux de M. Averty ont beaucoup contribué à l'extension que prend ce nouveau genre d'industrie.

M. Clancau, à Paris, a exposé des planches d'étain laminées pour la gravure de la musique, une feuille d'étain pour glaces et des feuilles minces d'étain poli, dites paillons, de diverses couleurs. Ce fabricant a perfectionné la préparation des feuilles d'étain pour glaces. La feuille exposée a Étain.

de longueur... 158 pouces (4m,114)
de largeur..... 110 —— (2m,977).

Elle est d'une minceur extrême, d'une égalité

parfaite, et sans aucune tache. C'est là son principal mérite; car l'on sait que l'absence totale de taches est un objet très-important pour les manufactures de glaces. La fabrique dont il s'agit n'existe que depuis quatre ans. On y prépare l'étain en feuilles par le moyen de deux laminoirs dont la longueur est de 8 pieds (2^{m},598). Ensuite on les termine avec soin, à l'aide du marteau.

Cette fabrique emploie annuellement 800 q^x^. mét. d'étain; elle occupe vingt-cinq ouvriers. Pour les planches à graver la musique, on se sert d'étain allié; mais dans la préparation des feuilles pour glaces, on fait usage d'étain pur, afin d'éviter les taches. On atteint complétement ce but; c'est ce que prouvent de nombreuses commandes, adressées par les principales manufactures de la France, et même des pays étrangers.

Le prix des feuilles pour glaces est de 4 fr. le kilogr.; quant aux feuilles pour gravure, il est de 3 fr. Ce nouvel établissement assure aux fabriques de miroirs et de glaces l'avantage d'obtenir, pour un prix modéré, des feuilles d'étain parfaitement nettes.

Bronze. Parmi les nombreuses fabriques de bronze, dont l'Exposition réunit les produits, ainsi que nous l'avons déjà vu page 81, nous devons nous borner ici à considérer les ateliers dans lesquels on compose le bronze pour la fonte des cloches.

M. Hildebrand, à Paris, expose deux grosses cloches, un modèle de carillon placé dans un clocher, des sonnettes de table, et des globes sonores, propres à remplacer les cymbales dans la musique militaire : l'une des cloches est du poids de 9 quintaux métriques, et l'autre en pèse 12. Dans l'espace d'une année, ce fabricant vient de fondre trente-deux cloches du poids total de 156q.m.,17; la plus forte est du poids de 12 quintaux métr. et la moindre, de 1,25. Trois de ces cloches, du poids total de 25 quint. mét., sont destinées à l'Amérique. L'alliage est ordinairement composé, pour 100 parties en poids, de 78 de cuivre rouge et de 22 d'étain; mais M. Hildebrand a modifié cette composition avec succès, en y faisant entrer une certaine quantité d'arsenic métallique, faussement nommé *cobalt* dans le commerce. Cette quantité, assez faible pour ne pas rendre l'alliage fragile, est assez forte pour qu'il en résulte des cloches plus sonores et des timbres de pendules, susceptibles d'un plus beau poli.

Le prix des cloches varie de 310 à 320 fr, le quintal métrique. M. Hildebrand fabrique en outre, par année, 150 grosses, c'est-à-dire, 19.400 pièces de timbres p[illegible]s pour pendules; il en expédie un grand nombre dans les pays étrangers. Il a de plus perfectionné les sonnettes de table, en ce qu'au lieu de peintures saillantes qui nuisaient à la vibration, et qui d'ailleurs étaient peu durables, il applique aux sonnettes un damassé incrusté qui n'en altère pas le son.

M. Osmond-Dubois, à Paris, a exposé des cloches, des carillons, des sonnettes, grelots et timbres pour horloges; il compose et emploie annuellement 500 quintaux métriques de métal de cloche. C'est dans ses ateliers, que l'on a fondu, en 1825, les deux bourdons de l'église Saint-Sulpice, à Paris. Il a récemment fourni un grand nombre de cloches pour diverses communes de la France. La fabrique de M. Osmond-

Dubois existe dans la capitale depuis six siècles. Parmi les cloches présentées, on remarque un carillon, composé de huit pièces qui forment un octave juste, sans avoir été retouchées.

M. Lenoble, à Paris, expose une cloche avec toute sa monture ;

M. Amant, à Paris, des timbres de pendules, des timbres harmoniques et des sonnettes, dites à pompe.

Platine. Parmi les métaux précieux, nous n'avons à considérer ici, que le platine :

M. Bréant, à Paris, expose un assortiment de capsules et de creusets, plusieurs vases et alambics en platine, un siphon à quatre branches, pour la décantation de l'acide sulfurique bouillant, du fil de platine, et divers autres échantillons de ce métal. Il présente aussi une coupe d'un nouveau métal, connu sous le nom de *palladium*. On sait que ce métal est extrait du minerai de platine, dont 1.000 parties ne contiennent qu'une demi-partie de palladium pur. Pour obtenir cette coupe, il a fallu opérer sur 31q.m.,25 de platine ; le pied qui la supporte est en argent; la coupe proprement dite a, de diamètre, 16 pouces (ou 0m,45), et de profondeur ou relevé, 5 pouces (0m,12). A cet ouvrage, unique dans son genre, M. Bréant a joint un lingot de palladium, qui pèse plus d'un kilogramme, et divers échantillons du même métal. Cet habile métallurgiste obtint une médaille d'or en 1823, époque à laquelle il avait déjà purifié le palladium. Les produits perfectionnés qu'il présente aujourd'hui réalisent les espérances que ses premiers essais avaient fait concevoir.

MM. Cuoq, Couturier et Compagnie, qui obtinrent une médaille d'argent en 1819, exposent un lingot de platine, dégrossi au laminoir. Ce lingot a 41 pouces (1^m,109) de long sur 13 pouces (0^m,351) de large, et 5 lignes (0^m,01127) d'épaisseur; il pèse 181 livres 14 onces (89^k,0289) et vaut 80.000 fr. C'est un produit remarquable, qui prouve que ces fabricans continuent avec succès le traitement du platine.

MM. Manby et Wilson, propriétaires des forges et fonderies du Creusot (Saône-et-Loire), et de Charenton près Paris, ont exposé les objets suivans: Fonte de fer.

Le moyeu d'une grande roue d'engrenage, laquelle doit avoir 16 pieds de diamètre et 16 pouces de largeur sur la circonférence garnie de dents, montre ce que sont de semblables roues qui ont été fournies par le même établissement aux usines d'Imphy et du Creusot. Ce moyeu en fonte de fer pèse 35 quintaux métriques $\frac{1}{2}$. L'exécution d'une telle pièce, coulée en fonte, présentait de grandes difficultés, à cause de son poids et du nombre de noyaux qui la traversent en diverses directions.

Le piston en fonte d'une machine soufflante, laquelle aura la force de cent chevaux, a 9 pieds de diamètre; il est traversé par une tige en fer forgé. Cette machine soufflante est déjà montée dans l'usine à fer du Creusot; elle y procurera l'air à quatre hauts-fourneaux alimentés par le coke; elle fournira 12.000 pieds cubes d'air par minute. Nous aurons occasion de revenir sur les établissemens de MM. Manby et Wilson, en considérant le fer forgé.

Nous bornant ici à la fonte de fer, nous remar-

8

querons que l'usine de Charenton, qui n'est en activité que depuis cinq ans, a fourni de grands attirails en fonte moulée à plusieurs des principaux ateliers métallurgiques de la France, par exemple à ceux d'Imphy (Nièvre), de Châtillon-sur-Seine (Côte-d'Or), d'Abainville (Meuse), d'Audincourt (Doubs), de Magnoncourt et de la Chaudeau (Haute-Saône), de Lorette (Loire), de Raismes (Nord), de la Joye (Morbihan) et de Bains (Vosges). Ainsi, l'établissement de Charenton a pris une part très-active aux progrès que la métallurgie a faits en France depuis quelques années. La même usine fabrique par année trente à quarante machines à vapeur, qui représentent la force de mille à douze cents chevaux; elle a fourni des bateaux à vapeur pour le service de plusieurs des ports maritimes de la France, pour Cayenne et pour le Sénégal. On y a récemment exécuté des machines à broyer, qui déjà sont en activité dans la manufacture royale des tabacs, à Paris.

MM. Boigues et fils, propriétaires de grandes usines à fer dans les départemens de la Nièvre et du Cher, ont exposé, outre des fers que nous considérerons ailleurs, de la fonte de fer fabriquée au charbon de bois dans l'usine de Feuillarde (Cher), et de la fonte de fer fabriquée en partie au coke dans l'usine de Torteron, même département. Cette compagnie possède des hauts-fourneaux pour la fusion du minerai de fer, à la Guerche, à Salles, à Charbonnière, à Meulot et ailleurs, dans le département de la Nièvre. La compagnie Boigues présente aussi des fontes douces, propres aux fonderies de seconde fusion et à la confection des pièces de machines. Ces fontes proviennent des fourneaux de Charbonnière et de Meulot (Nièvre).

D'après un grand nombre d'essais qui ont été faits comparativement dans la fonderie royale de Nevers, ainsi que l'atteste le chef de bataillon d'Artillerie, directeur de cet établissement, les fontes des fourneaux de Charbonnière, de Feuillarde et de Torteron, ont été reconnues plus propres à la fabrication des canons de fer fondu, que celles de plusieurs autres fourneaux des départemens du Cher et de la Nièvre. Le même officier atteste qu'en ce moment la fonderie royale n'est approvisionnée que de fontes provenant des fourneaux de Feuillarde et de Torteron, et que ces fontes procurent de très-bonnes pièces d'artillerie.

MM. Boigues sont les premiers qui aient introduit l'emploi de la houille carbonisée, dite coke, dans les hauts-fourneaux du Berri : c'est une amélioration d'une haute importance pour une contrée qui est très-riche en minerais de fer, et dont les ressources en bois s'épuisent. Le haut-fourneau de Torteron est construit sur des dimensions plus grandes que les anciens appareils de ce genre; il est alimenté d'air par le moyen d'une machine à vapeur; il produit dans un même temps à-peu-près trois fois autant de fonte, que l'un des fourneaux ordinaires du même pays. Dans les fourneaux de la Guerche et de Salles, la houille carbonisée, dite coke, est employée concurremment avec le charbon de bois. Par le moyen d'une machine à vapeur, qui alimente d'air le fourneau de la Guerche, on a quintuplé les produits en fonte, de cette usine. On vient d'établir une semblable machine à Feuillarde.

Les établissemens de MM. Boigues, dans le

seul département du Cher, occupent, tant sur les minières que dans les bois, dans les usines et sur les routes, plus de mille ouvriers.

MM. Aubertot père et fils, propriétaires et maîtres de forges à Vierzon (Cher), ont présenté une cheminée en fonte de fer, appareil utile qu'ils ont perfectionné. Cette cheminée a l'avantage de procurer beaucoup de chaleur et de préserver de la fumée : le prix en est de 55 fr. Ils présentent aussi, comme un premier essai, une caisse d'oranger coulée d'une seule pièce, en fonte de fer : c'est une carcasse en fonte, dans laquelle on peut ajuster des planches de bois minces et de peu de valeur : une semblable caisse en fonte coûterait 16 fr. Dans l'envoi de MM. Aubertot, on remarque aussi trois rouages de mécanique, une tête de lion pour décoration de fontaine, un des plus petits tuyaux qui servent à la conduite des eaux, une des plus petites marmites en fonte, et un balcon de la même matière, objet dont le prix n'est que de 20 fr. le quintal métrique. Toutes ces pièces ont été coulées en fonte de première fusion, qui est susceptible d'être limée, d'être forée, et même de recevoir le pas de vis, ainsi que le prouvent divers percemens pratiqués dans plusieurs d'entre elles. Ces habiles maîtres de forges ont aussi exposé des fers que nous considérerons ailleurs.

MM. Risler frères et Dixon, à Cernay et à Mulhausen (Haut-Rhin), exposent, entre autres produits de leur grand établissement, des pièces de machines, en fonte de fer, coulées en sable humide. Ces fabricans obtinrent, en 1823, une médaille d'or pour des machines, et le jury déclara que, pour leurs ouvrages seuls en fonte de fer, ils auraient obtenu une médaille d'argent.

MM. Martin et Compagnie, à Fourchambault (Nièvre), ont exposé divers objets en fonte de fer, tels qu'une roue de char destiné au transport de la houille dans l'intérieur des mines, une boîte de roue en fonte douce, dont la surface intérieure est dure et polie, un rouleau de laminoir en fonte dure, et un lit en fonte de fer, dont le fond est en fer plat, et susceptible d'être tendu à volonté. Dans la fonderie de MM. Martin et Compagnie, on fabrique annuellement 10.000 quintaux métriques de pièces de mécanique, en fonte moulée de seconde fusion. Cette usine, en peu d'années, s'est mise en état de satisfaire aux besoins des grands établissemens qui se sont formés dans le département de la Nièvre. Sur la quantité de fonte susénoncée, on emploie, par année, 2.500 quintaux métriques à la fabrication de laminoirs en fonte dure, pour fer, tôle, fer-blanc, etc. Ces ouvrages ne le cèdent point à ceux que l'on fabrique ailleurs en fonte anglaise : c'est ce que prouvent les produits des grandes usines de Fourchambault, d'Imphy et de Pont-Saint-Ours (Nièvre), qui font usage de laminoirs fabriqués par MM. Martin et Compagnie. Le prix de ces laminoirs est de 80 fr. le quintal métrique; il est inférieur à celui des mêmes objets fabriqués en fonte anglaise, puisque ce dernier s'élève jusqu'à 120 fr.

MM. Waddington frères, à Saint-Remy-sur-Avre (Eure-et-Loir), ont exposé des pièces de machines, qui consistent en une roue d'angle de soixante dents, un pignon de vingt-neuf, et une poulie, en fonte de fer, objets exécutés avec une grande précision ;

M. Mentzer, à Paris, une suite graduée de mortiers en fer poli, de diverses dimensions. Ce fabricant ne se borne pas à tourner et polir de petites pièces de fonte, dans l'exécution desquelles il réussit, ainsi qu'on l'a déjà remarqué dans les deux précédentes Expositions. C'est lui qui a tourné et poli les plus grosses pièces d'un grand appareil qui figure à l'Exposition de 1827, sous le nom de *Chronogéomètre*.

MM. Dumas et fils, à Paris, ont présenté des ornemens et d'autres objets en fonte, tels qu'ils sortent du moule; leurs succès dans ce genre d'industrie ont fait baisser le prix des ouvrages de bijouterie en fonte de fer, qui jadis n'étaient connus que sous le nom de *fer de Berlin*.

Madame veuve Dietrich et fils, propriétaires des forges de Niederbronn et autres (Bas-Rhin), ont présenté divers objets en fonte moulée de première fusion, tels qu'ustensiles, poids, pièces de machines, médaillons, petites soucoupes et ornemens. Ces propriétaires possèdent quatre hauts-fourneaux, dont trois sont continuellement en activité : l'un d'eux a été construit, depuis quelques années, avec deux tuyères. Dans leurs établissemens, il se fabrique, par année, 6.000 quintaux métriques de fonte moulée, dont le prix varie communément entre 40 et 70 fr. par quintal métrique, suivant les difficultés de l'exécution. Les échantillons produits sont exposés tels qu'ils sortent des moules, sans avoir été réparés à la lime; cette fonte est douce et de bonne qualité; l'exécution de toutes les pièces est satisfaisante. Le même établissement a présenté des fers forgés dont il sera fait mention plus tard.

M. Ratcliff, à Paris, a exposé des pièces détachées, à l'usage des mécaniciens : tous ces objets en fonte de fer de seconde fusion sont bien exécutés. Ce fabricant n'est établi en France que depuis quelques années; il y a pratiqué avec succès l'art de fondre en sable vert ou humide, qui est le seul moyen d'obtenir des pièces de fonte semblables au modèle, et à beaucoup meilleur marché que par l'ancien procédé du moulage en sable d'étuve. Aussi, le prix de la fonte, en petits objets de mécanique, a-t-il baissé de 30 pour 100 depuis quelques années. Cet habile étranger a établi, depuis quatre ans, à Paris, une fonderie qui, après avoir commencé par être un petit hangar, est aujourd'hui en état d'exécuter les pièces les plus difficiles, jusqu'au poids de 30 quintaux métriques. Pendant l'année 1826, M. Ratcliff a employé dans sa fonderie 4.591 quint. mét. de fonte; il a livré au commerce 4.322 quint. mét. de fonte moulée, dont 2.909 en petites pièces de machines, et 1.413 en grosses pièces.

M. Benoit, à Paris, outre des objets en bronze et autres alliages métalliques, expose divers produits en fonte moulée, parmi lesquels on remarque un grand vase exécuté d'après l'un de ceux que possède le Musée royal, deux vases Médicis de moindres dimensions, et une console de forme gothique. La belle exécution de ces objets prouve qu'en France on emploie la fonte au moulage, avec autant de succès que dans les pays les plus renommés pour ce genre d'industrie, et que l'on y sait produire non-seulement de petits ouvrages, mais encore de grandes pièces d'ornement, telles que des meubles. La console gothique fait partie d'une commande d'objets divers que M. Benoit se propose d'expédier dans l'Inde. Le prix des deux vases Médicis est de 600 fr. L'emploi de la fonte de fer dans le moulage, procédé analogue à la fabrication des objets coulés en bronze, offre cet avantage, que si le travail est enlevé à une classe nombreuse d'ouvriers par la substitution d'une matière à l'autre, le travail est aussitôt rendu à la même classe par cette même substitution : c'est ce qui arrive dans les ateliers de M. Benoit, dont les produits dénotent un habile fondeur.

La Société anonyme des fonderies de Vizille (Isère), présente des échantillons de fonte brute de fer, qui résultent de la fusion du minerai par le moyen de l'anthracite jointe à la houille carbonisée. Dans ce nouvel établissement, qui n'a été mis en activité qu'en 1826, on a tenté d'employer l'anthracite du lieu, sorte de houille sèche, qui était regardée comme très-difficilement combustible. Jusqu'à présent, on est parvenu à mêler 0,5 d'anthracite avec 0,5 de coke provenant de Rive-de-Gier (Loire). La Compagnie des forges de Loire et Isère, dans le département de la Loire, a déjà demandé 500 quintaux métriques de la fonte ainsi obtenue, pour l'affiner par le moyen de la houille. Les mêmes produits ont été essayés à Lyon dans le moulage en pièces fines; mais on ne les a pas employés seuls, parce que, pour cet objet, ils sont trop peu fluides. Récemment, avec cette fonte de première fusion, on a exécuté, dans l'usine de Vizille, des poêles ou fourneaux pour l'hôpital de Grenoble, et les entrepreneurs de l'établissement annoncent que cet essai a complétement réussi.

M. de Pracontal, propriétaire du fourneau de

Tourbe-Rouge (Manche), expose des marmites et des chenets en fonte de fer, ouvrages d'une exécution satisfaisante. Ce genre d'industrie est encore très-peu répandu dans la contrée où s'est formé l'établissement dont il s'agit.

MM. Huvelin de Bavilliers et Compagnie, à Premery (Nièvre), exposent des objets coulés en fonte de première fusion, qu'ils présentent comme un modèle de l'enveloppe d'un haut-fourneau, d'après la description qui en a été publiée dans les *Annales des Mines*, tome XIII, 1826, page 515.

M. Laurent Thiébaut, à Paris, expose un cylindre de fonte de fer, dont l'enveloppe extérieure est en fonte dure, tandis que l'intérieur et par-conséquent les tourillons sont en fonte douce. Cet effet avantageux, que M. Laurent Thiébaut présente comme un essai, ne résulte point de l'emploi des moules en fonte nommés coquilles; on sait que, dans ces derniers, le métal liquide acquiert, par le contact du métal froid, une certaine dureté à la surface; mais l'emploi des coquilles ne pourrait permettre l'exécution des cylindres à cannelures, pour le laminage du fer en barres, parce que la dureté ne serait pas la même au fond de la cannelure, qu'au bord de la surface du cylindre. Le nouveau procédé de M. Laurent Thiébaut obvie à cet inconvénient; les tourillons et le corps intérieur du cylindre sont en fonte douce qui se laisse travailler au tour, tandis que la fonte extérieure est d'une dureté qui se maintient égale depuis la surface extérieure jusqu'à son contact avec la fonte douce, ce qui permet de réparer la surface par le moyen du tour, sans qu'elle perde rien de sa dureté.

Ce fabricant annonce qu'il pourra exécuter ainsi de très-bons cylindres cannelés, de tous diamètres et de toutes longueurs, par le moyen d'un moulage en terre, ou en sable, et que le prix de tels cylindres sera de 80 francs le quintal métrique.

M. Delaroche fils, à Paris, présente des appareils de cheminées, en fonte de fer ;

M. André, à Paris, des balcons et d'autres objets à l'usage des bâtimens ;

M. Duval, à la Gouberge (Eure), un lit en fonte moulée ;

M. Calla, à Paris, une borne en fonte de fer ;

M. Barbeau, à Paris, divers foyers ;

M. Gilbert, à Paris, des foyers de cheminées, et des chenets, de la même matière.

La bonne exécution de tous ces objets prouve, autant que leur nombre, combien la fabrication de la fonte de fer s'est perfectionnée depuis quelques années, et combien l'usage s'en est répandu dans la France, qui produit abondamment cette matière.

M. Richard, M. Houdaille, M. Marchand, à Paris, et M. Ménetrier, à Sellières (Jura), présentent de la bijouterie en fonte de fer. Tous ces objets très-variés prouvent que, si d'un côté on est parvenu en France à couler d'énormes pièces de fonte de fer, avec autant de succès qu'en Angleterre, de l'autre, les bijoux de fonte les plus délicats sont exécutés à Paris avec autant et peut-être plus de précision qu'en Prusse, d'où cette industrie tire son origine et son nom, de fer de Berlin. On en voit la preuve, principalement dans les produits exposés par M. Richard : ce fabricant exécute, avec une rare précision, de la bijouterie en fonte, et notamment de petites croix très-légères qui sont creuses à l'intérieur et ornées de jolis dessins à l'extérieur.

Une grande partie des produits en fer, que réunit l'Exposition, provient d'établissemens déjà cités au sujet de la fonte moulée. Fer.

MM. Manby et Wilson, propriétaires des forges du Creusot (Saône-et-Loire), et de Charenton (Seine), exposent des échantillons de fer entièrement fabriqué à la houille, depuis la fusion du minerai jusqu'à l'étirage des barres. Parmi les produits du même établissement, on remarque une portion de la route en fer laminé, qui va être établie de Saint-Étienne à Lyon. L'exécution des barres, au laminoir, présentait de grandes difficultés à cause de leur forme particulière. Quelques personnes avaient prétendu qu'il fallait tirer ces barres des forges de l'Angleterre; mais d'autres, ayant plus de confiance dans les ressources de l'industrie française, ont soutenu que l'on pouvait les exécuter en France pour un prix favorable. Aujourd'hui, la question est résolue à l'avantage de l'industrie française.

La fourniture des fers de cette route est entreprise par MM. Manby et Wilson; elle consiste en 50.000 quintaux métriques de fer en barres laminé, que fournira la nouvelle forge du Creusot, conformément au modèle exposé. En même temps, dans les ateliers de Charenton près Paris, on a entrepris, pour la marine royale, la construction d'un grand appareil à vapeur: cet appareil, qui comprend deux machines d'une force totale de cent soixante chevaux, doit devenir le moteur d'un bâtiment destiné à remorquer avec célérité un vaisseau de ligne, dans le port de

Brest. L'arbre de la roue à aubes, qui s'y rapporte, fait partie de l'Exposition ; c'est une pièce de fer forgé, qui a 18 pieds de longueur, avec 1 pied de diamètre, et qui pèse 30 quintaux métriques. Pour cet objet la fonte ne pouvait pas être employée sans danger, et d'ailleurs, en faisant usage de cette matière, on aurait augmenté le poids de la pièce. L'arbre de fer a été formé par la réunion de seize grosses barres qui ont été soudées ensemble sous un marteau du poids de 35 quintaux métriques, et chauffées à plusieurs reprises dans un fourneau de réverbère. Ces détails font assez voir quelles difficultés présentait une semblable fabrication.

MM. Boigues et fils, à Fourchambault (Nièvre), exposent des fers en barres, fabriqués à la houille et étirés au laminoir. Parmi ces fers de diverses dimensions, il en est qui sont employés à Nevers dans la fabrication des chaînes-câbles pour la marine ; d'autres sont corroyés sous différentes formes, ce qui en atteste la bonne qualité : elle est due, tant au choix de la fonte, qu'aux soins apportés dans l'affinage, et dans l'étirage des barres. L'usine de Fourchambault fabrique annuellement, par le moyen de la houille et du laminoir, environ 55.000 quintaux métriques de fer. C'est à-peu-près la huitième partie de la quantité qui est obtenue en France par ce nouveau procédé. Le prix modéré du fer de Fourchambault, qui est estimé dans le commerce, a contribué à faire baisser le prix de ce métal dans les forges françaises.

MM. Aubertot père et fils, à Vierzon (Cher), présentent des échantillons de fer forgé, des plus petites dimensions, et une embature de roue, percée à froid par le moyen d'une machine. Ce fer, provenant de fonte affinée au charbon de bois, est forgé au marteau, suivant l'ancien procédé, que MM. Aubertot se sont appliqués à perfectionner. Les travaux de ces habiles maîtres de forges ont puissamment contribué à soutenir la réputation des fers du Berri, que les fers à la houille ne peuvent pas remplacer pour tous les besoins des arts.

M. Thué, à Crozon (Indre), expose des fers en verges (de 2 lign. $\frac{1}{2}$ d'épaisseur) pour la clouterie. L'usine de Crozon, dans laquelle on affine au charbon de bois la fonte obtenue d'un haut-fourneau qui en dépend, produit annuellement 2.500 quintaux métriques de fer ainsi affiné, et forgé au marteau. Les trois quarts de cette quantité sont convertis en fer de fenderie, qui est recherché par les cloutiers, parce qu'il est doux et nerveux sans être pailleux, n'éprouve au feu qu'un faible déchet, et se laisse forger sans être très-chaud. Le fer en petites verges de fenderie se vend, dans cette usine, 70 fr. le quintal métrique.

MM. Mathey frères et Guénard, aux forges de Moncey (Doubs), qui appartiennent à M. le maréchal duc de Conégliano, ont exposé du fer en barres et en rubans, affiné à la houille et étiré au laminoir. Cet établissement est une ancienne forge qui a été convertie en une forge à l'anglaise. En 1823, il avait exposé des échantillons de fer affiné à la houille et forgé au marteau. Aujourd'hui, le nouveau procédé est définitivement substitué à l'ancien dans l'usine de Moncey; on y fabrique, par année, environ 7.000 quintaux métriques de fer cylindré, de tout échantillon, quantité susceptible de s'accroître à mesure que les débouchés seront plus assurés. La qualité du fer est estimée, parce qu'il provient d'excellente fonte tirée de la Franche-Comté, où elle est obtenue par le moyen du charbon de bois. Cet établissement est le seul de ce genre dans une contrée où l'introduction des nouveaux procédés peut devenir très-avantageuse. Le prix du fer en barres, dans l'usine de Moncey, varie entre 55 et 64 fr. le quintal métrique ; celui des fers en cercles est de 63 à 70 fr.

M. Muel-Doublat, propriétaire et maître de forges à Abainville (Meuse), présente des échantillons de fer de fenderie de 2 lignes sur 2 lignes $\frac{1}{2}$, de rubans de fer de 7 à 8 lignes de large sur $\frac{1}{2}$ ligne à $\frac{3}{4}$ de ligne d'épaisseur, et de fer rond de 4 lignes de diamètre sur 18 pieds de longueur. Tous ces fers proviennent d'excellente fonte qui est obtenue par le moyen du charbon de bois, et qui est affinée à la houille; ils sont étirés par le moyen du laminoir. Les dimensions et les formes de ces produits en attestent la bonne qualité. L'établissement dont il s'agit était une ancienne forge ; c'est depuis l'année 1823 qu'il a été converti en une forge à l'anglaise. On y fabrique annuellement environ 25.000 quintaux métriques de fer.

La Compagnie des forges de la Basse-Indre, près Nantes (Loire-Inférieure), expose du fer feuillard et du fer fort, fabriqués par le moyen de la houille et du laminoir. Dans cet établissement, formé depuis 1823, on est parvenu à fabriquer un fer doux et malléable en affinant les fontes de Bretagne, dont auparavant on n'obtenait qu'un fer aigre et cassant. Dès l'année 1825, on y fabriqua 5.000 quintaux métriques de fer.

Le produit pourra s'élever à 30.000 quintaux métriques, lorsque l'usine sera complétement en activité.

M. Michel jeune, propriétaire des forges de Corbançon (Indre), expose du fer en barres de divers échantillons, et du fer en verges de 5 lignes d'épaisseur, qui est affiné par le moyen du charbon de bois et forgé au marteau. Cette usine produit annuellement 1.500 quint. métr. de fer, d'une qualité supérieure, que recherchent les carrossiers. Le prix du fer en barres et du fer en verges varie de 60 à 64 fr. le quintal métrique. Le même propriétaire possède dans le département d'Indre-et-Loire un autre établissement qui produit aussi d'excellent fer; les forges de M. Michel occupent habituellement trois cents ouvriers.

MM. Gignoux et compagnie, aux forges de Grèze et de Cuzorn (Lot-et-Garonne), ont exposé des échantillons de fer en barres. Dans l'usine de Grèze, on affine au charbon de bois, et l'on forge au marteau, de la fonte qui provient d'un haut-fourneau dépendant du même établissement. La production totale de fonte est de 3.500 quintaux métriques par année; une grande partie de ce produit est convertie en fonte moulée de première fusion; le surplus est employé pour la fabrication de 800 quintaux métriques de fer en barres, qui est forgé au marteau. L'usine de Cuzorn est une forge catalane, c'est-à-dire un atelier dans lequel on obtient directement le fer du minerai, par le moyen du charbon de bois et du marteau. On y fabrique annuellement 900 quintaux métriques de fer très-estimé. MM. Gignoux et compagnie ont perfectionné le procédé des forges catalanes, tant sous le rapport de la qualité des produits, que relativement à l'économie du combustible. Dans l'usine de Cuzorn, on était dans l'usage d'employer 4 quintaux métriques de charbon de bois de châtaignier, pour obtenir un quintal métrique de fer; aujourd'hui, l'on n'y consomme plus que 2qx.m.,25 de ce même charbon, pour la même quantité de fer complétement forgé, tandis que dans l'usine de Grèze, en pratiquant les deux opérations successives de la fusion du minerai et de l'affinage de la fonte, on consomme communément quatre parties de charbon de bois pour une partie de fer obtenue du minerai. En comparant les fers de la forge de Grèze avec ceux de la forge de Cuzorn, on reconnaît que, malgré la différence des procédés de fabrication, il n'y en a presque pas dans l'apparence et dans la qualité des produits.

Mme. Ve. Dietrich et fils, propriétaires des forges de Niederbronn et autres (Bas-Rhin), exposent du gros fer en barres et bandages, des fers martinés de très-petites dimensions, dont les moindres ont 2 lignes d'épaisseur sur 3 de largeur, des fers ronds, des fers en verges crénelées, des essieux en fer fort, des socs de charrue en fer métis, du fer en rubans pour cercles, et du fer en verges de fenderie. Tous ces produits, dont les noms et les formes indiquent assez les diverses destinations et la bonne qualité, proviennent de fonte obtenue et affinée par le moyen du charbon de bois. Dans les forges dont il s'agit, le laminoir est employé pour l'étirage du fer en rubans, dits cercles; un atelier de fenderie prépare le fer en verges pour la clouterie; le reste des opérations s'exécute par le moyen de marteaux et de martinets; la fabrication du fer s'élève annuellement à 9.000 quintaux métriques. Ces grandes forges, les seules qui existent dans le département du Bas-Rhin, occupent habituellement neuf cents ouvriers, et de plus, trois à quatre cents bûcherons, qui sont employés pendant six mois de l'année. Le prix du fer ordinaire en barres plates et carrées est de 62 fr. le quintal métrique, et le prix des fers martinés, carrés ou ronds, varie de 70 à 74 francs.

M. Parant, à Limoges (Haute-Vienne), expose du fer de différens échantillons, tels que fer feuillard, fer en verges et fer rond. Ces produits, bien exécutés, sont d'une qualité satisfaisante et d'un prix modéré.

M. Ruffié fils, à Foix (Ariége), expose différentes sortes d'acier; ces produits sont fabriqués avec du fer provenant de trois feux de forges catalanes, qu'il possède dans le même département. Les trois feux de forges fournissent annuellement 4.000 quintaux métriques de fer brut. Il en résulte 3.000 quintaux métriques, tant de fer paré, que d'acier étiré, corroyé et raffiné pour toutes sortes d'usages, et d'acier-étoffe pour coutellerie, ressorts de voitures, et faulx. M. Ruffié fabrique aussi des faulx et des limes, objets sur lesquels nous reviendrons. Dans ses forges catalanes, on obtient une certaine portion du produit à l'état d'acier naturel; d'une qualité supérieure. Acier.

Depuis l'année 1823, ce fabricant a diminué les prix de ses produits en acier, dont il a cependant amélioré la qualité, en même temps que la quantité s'en est accrue.

MM. Garrigou, Massenet et compagnie, à

Toulouse (Haute-Garonne), présentent divers échantillons d'acier cémenté qui est propre, soit à la coutellerie fine, soit à la fabrication des limes et des faulx. Dans le bel établissement qu'ils ont formé, on obtient par année 8.000 quintaux métriques d'acier cémenté. Une grande partie de ce produit y est convertie en limes et faulx. Depuis l'année 1823, la quantité d'acier que l'on y cémente annuellement est plus que doublée, sans que la qualité des produits en ait souffert.

MM. Monmouceau père et fils et compagnie, à Orléans (Loiret), exposent de l'acier cémenté et corroyé, ainsi que des limes qu'ils fabriquent avec cet acier. Depuis l'année 1823, ils ont appliqué le procédé de la cémentation à de plus grandes quantités de fer; ils occupent aujourd'hui quatre-vingts ouvriers; ils ont formé des ateliers d'apprentis, qui font espérer un nouvel accroissement d'activité.

M. Saint-Bris, à Amboise (Indre-et-Loire), présente de l'acier cémenté qu'il façonne au martinet et des limes dont il fabrique une grande quantité avec le même acier. Dans cette ancienne manufacture, on convertit annuellement en acier de cémentation 2.500 quintaux métriques de bon fer. C'est elle qui approvisionne de limes les arsenaux de la guerre et de la marine.

MM. Leclerc et Dequenne, à Raveau (Nièvre), exposent des échantillons d'acier cémenté, qu'ils raffinent pour les besoins, soit de la coutellerie, soit de la taillanderie, et pour les ressorts de voitures. Ils présentent aussi des limes, des tôles d'acier, des lames de sabre damassées et des fils d'acier propres à la fabrication des aiguilles.

MM. Coulaux aîné et compagnie, de Molsheim

(Bas-Rhin), ont établi depuis l'année 1823, dans leur forge de Bœrenthal (Moselle), la fabrication de l'acier naturel brut qu'ils raffinent ensuite tant à Bœrenthal qu'à Molsheim. Dans ce dernier endroit, ils emploient l'acier et le fer, pour fabriquer une grande quantité de faulx, de limes, de scies, d'outils divers et d'armes de guerre. Nous aurons occasion de reconnaître la bonne qualité de l'acier exposé par MM. Coulaux, en considérant les nombreux produits de leurs grands ateliers.

M. Rivals-Gincla, aux forges de Gincla (Aude), présente de l'acier cémenté, ainsi que des limes fabriquées avec cet acier, qui est en général de bonne qualité et d'un prix modéré.

MM. Sirodot et compagnie, à la forge de Bèze (Côte-d'Or), exposent de l'acier naturel qu'ils fabriquent et raffinent pour broches de filature, coins de monnaies, matrices, burins, crochets à tourner les métaux et pour d'autres usages. Parmi ces produits qui jouissent de l'estime du commerce, on remarque l'acier naturel marqué d'une colonne, pour coins et matrices, burins et crochets de tour, comme étant susceptible d'un aussi beau poli que l'acier fondu. Cet acier naturel paraît capable de remplacer l'acier fondu, même pour la fabrication des rasoirs. L'acier pour broches de filature offre l'élasticité et la dureté sans trempe, que désirent les manufacturiers pour le corps des fuseaux.

MM. Abat père et fils, et compagnie, à Pamiers (Ariége), présentent de l'acier cémenté qu'ils fabriquent avec le bon fer de l'Ariége. Cet acier, selon ses diverses dénominations et qualités, est employé avec succès, pour la taillanderie, la quincaillerie et la coutellerie, pour la fabrication des outils aratoires, des platines de fusil, des baguettes et des baïonnettes. Les ports et arsenaux de Rochefort et de Lorient sont pourvus d'acier par l'usine de MM. Abat; ils fabriquent dans le même établissement des limes et des ressorts. On y emploie annuellement 3.200 quintaux métriques de fer; il en résulte 2.250 quintaux métriques d'acier raffiné et de ressorts. Ces industrieux fabricans ont amélioré les procédés par lesquels on cémente le fer; une disposition particulière des fourneaux leur permet de graduer la force de la cémentation, de sorte qu'ils peuvent en faire varier les effets , même pour des barres de différentes épaisseurs, placées dans une même fournée.

MM. Mouret de Barterans et de Velloreille, à Chenecey (Doubs), exposent des barreaux d'acier fin, propres à l'étirage. Dans leurs forges de Chenecey, qui occupent cent ouvriers, on consomme annuellement environ 5.000 quintaux métriques de fonte de fer, tirée de la Franche-Comté et de la Bourgogne, pour la fabrication tant du fer martiné que de l'acier étiré en barreaux, des fils de fer, et des fils d'acier.

MM. Gaultier de Claubry et compagnie, à Bercy près Paris, exposent de l'acier cémenté et de l'acier fondu, ainsi que des objets fabriqués avec ces deux sortes d'acier. L'usine de Bercy fut établie au commencement de l'année 1825; elle appartient à une compagnie dont le fonds social est de 600.000 fr.; on y emploie du fer tiré de Sibérie, de Suède et de Russie.

Déjà cet établissement produit environ 500 quintaux métriques d'acier, par année; la fabrication pourra s'y élever à 3.000 quintaux métriques d'acier cémenté, et 1.000 quintaux métriques d'acier fondu, dès que les débouchés seront assurés.

Un coutelier renommé, M. Sirhenry, après avoir fabriqué divers instrumens de chirurgie avec l'acier fondu de Bercy, déclare par un certificat, que cet acier ne diffère point des meilleurs aciers fondus de France ou d'Angleterre; quant à l'acier cémenté de Bercy, M. Sirhenry, après en avoir fabriqué des rasoirs et des couteaux de table, assimile ce produit aux meilleurs aciers et aux *étoffes* d'Allemagne. Ce témoignage est confirmé par les essais spéciaux auxquels ont été soumises les différentes sortes d'acier de Bercy, qui font partie de l'Exposition.

M. Hue, à l'Aigle (Orne), présente de l'acier qu'il prépare pour la fabrication de filières propres à l'étirage, soit des fils de fer ou de laiton, soit des fils d'acier, de tous numéros jusqu'aux plus fins; il emploie pour cet objet une composition métallique qu'il met en œuvre par un procédé particulier. C'est ce que déclarent, par un certificat, les autorités de la ville de l'Aigle, pour laquelle l'art d'étirer les métaux en fils est un objet important. Le même certificat ajoute que les diverses tréfileries de l'Aigle préfèrent les filières de M. Hue, à toutes celles que l'on fabrique, soit en France, soit en pays étranger. Le prix de sa composition métallique est, pour les filières des numéros les plus fins, de 2 fr. le kilogramme, et pour les grosses filières, de 1 fr. 60 c., ce qui diffère peu du prix de l'acier ordinaire de bonne qualité. Un certificat du colonel directeur des travaux de précision de l'Artillerie confirme ce qui vient d'être dit concernant le mérite des filières de cet industrieux fabricant.

M. Falatieu, à la forge de Pont-du-Bois (Haute-Saône), présente de l'acier naturel brut et raffiné, de tous les échantillons que réclament les divers besoins des arts. Cet établissement occupe cent quatre-vingts ouvriers. On y fabrique par année environ 1.500 quint. mét. d'acier de bonne qualité, dont le prix varie de 90 à 160 fr. le quint. mét.

La fabrique d'acier du Bas-Rhin, à Illkirch, expose de l'acier de cémentation façonné au martinet, des limes et d'autres outils exécutés avec cet acier, dans la même usine. Cette fabrique, qui fut établie en 1825, par une société anonyme d'actionnaires, ne possède encore qu'un fourneau de cémentation, pouvant contenir 75 quintaux métriques de fer à cémenter. Elle ne fournit par mois que 100 quintaux métriques d'acier; mais la bonne qualité de ces produits donne lieu de croire que bientôt la quantité s'en accroîtra. Un certificat du colonel d'Artillerie, directeur de l'arsenal de Strasbourg, déclare que l'acier provenant de cette fabrique est bien cémenté, que le grain en est très-fin, et qu'il est excellent pour la fabrication des outils destinés aux ouvrages en bois.

M. Valond, à Saint-Clair-sur-Galaure (Isère), expose de l'acier naturel qui est propre à la fabrication des ressorts de voitures. Les échantillons de ressorts, qu'il présente en même temps, attestent la bonne qualité de cet acier; le prix en est modéré; il se vend 130 fr. le quintal métrique. On sait qu'il importe de perfectionner la fabrication et l'emploi de l'acier naturel dans le département de l'Isère, où il existe un grand nombre d'ateliers de ce genre. M. Valond, propriétaire de l'une des principales forges de ce département, y fabrique par année 2.500 quintaux métriques d'acier; il a introduit dans ses ateliers l'économie du charbon de bois, en employant la houille pour l'étirage des barres. Les travaux et les succès de ce fabricant seront un exemple utile aux progrès de l'industrie dans la contrée qu'il habite.

MM. Jappy, à l'usine de la Roche, près Monbéliard (Doubs), présentent de l'acier fondu et des enclumes ou tas, fabriqués avec cet acier qu'ils préparent en appliquant le procédé connu sous le nom de M. Clouet. Ces produits, qui se font remarquer par un poli brillant, sont d'une qualité satisfaisante et d'un prix modéré.

MM. Pasquier, Geiger et compagnie, du département de la Seine, présentent de l'acier en barres dont ils ont entrepris la fabrication en 1825, dans une usine située à Saint-Maur près Paris. La réussite de leurs premiers essais prouve qu'ils sont capables d'augmenter la quantité de bon acier, qui se fabrique en France.

M. Borey aîné, à Paris, présente des échantillons d'acier cémenté dont il se propose d'établir la fabrication en n'employant que du fer français; il présente aussi des limes fabriquées avec cet acier.

M. Lenormand, à Paris, expose de l'acier qu'il obtient en traitant, soit le fer, soit l'acier français du commerce, par un procédé qu'il déclare lui être particulier. Ses recherches n'ont pas encore donné lieu à l'établissement d'une manufacture; mais avec l'acier que prépare M. Lenormand, des burins propres à couper le fer et à tourner l'acier, ainsi que divers instrumens tranchans, ont été fabriqués par M. Laserre, coutelier à Paris.

M. Schmidt-Born et compagnie, à Saralbe (Moselle), exposent de l'acier corroyé qui, dans les divers essais auxquels on l'a soumis, s'est montré de la meilleure qualité. Cet acier est employé avec succès pour la fabrication des lames de scies, des broches de filature, et d'autres ouvrages qui exigent un acier de qualité supérieure. Il est à regretter que ces produits se trouvent exclus du concours, comme n'ayant pas été soumis à l'examen préalable du Jury départemental.

Faulx. M. Ruffié fils, déjà cité au sujet de l'acier, a augmenté depuis 1823 la fabrication des faulx dans ses ateliers situés à Foix (Ariége); elle s'y élève à 55.000 pièces par année. Ces produits, qui n'étaient d'abord connus que dans le midi de la France, se répandent aujourd'hui dans tout le royaume. Le prix actuel, pour cent faulx de 30 pouces de longueur, est de 235 fr.; pour cent faulx de 38 pouces, il est de 475 fr.; c'est entre ces deux limites, que varie le prix des pièces de dimensions intermédiaires; depuis l'Exposition de 1823, le prix de ces produits a diminué d'environ 10 pour 100, et la qualité des faulx n'est pas moins bonne qu'à cette époque.

MM. Garrigou, Massenet et compagnie, à Toulouse (Haute-Garonne), fabriquaient 90.000 faulx par année, en 1823; ils en fabriquent aujourd'hui 120.000 avec l'acier qu'ils préparent eux-mêmes; leur établissement, en ce genre, est le plus considérable que possède la France. Les faulx qui en proviennent sont d'une exécution satisfaisante. Un son clair indique l'homogénéité de la matière ou *étoffe;* avec la dureté convenable, ces faulx conservent la ductilité qui est nécessaire pour que le métal s'étende bien sous le marteau qui l'affile.

MM. Coulaux aîné et compagnie, à Molsheim (Bas-Rhin), ont entrepris depuis un an de fabriquer des faulx d'acier fondu laminé, dont le dos est une pièce rapportée. Ils sont parvenus à traiter l'acier fondu de telle manière, qu'il se laisse affiler au marteau et à froid. Les faulx qu'ils fabriquent ainsi offrent un tranchant très-vif qui se soutient plus long-temps que celui de l'acier ordinaire. Une semblable lame de faulx, qu'ils ont exposée, est d'une forme satisfaisante, et dans les essais rigoureux auxquels on l'a soumise, elle n'a paru laisser quelque chose à désirer que sous le rapport de la dureté. Leurs premiers essais en ce genre permettent d'espérer qu'ils y réussiront comme dans un grand nombre de produits qui embellissent l'Exposition de 1827.

M. Bouffon, à Sauxillanges (Puy-de-Dôme), expose, outre divers objets de quincaillerie, des faulx qui, dans les essais auxquels on les a soumises, ont été reconnues de première qualité. Cet industrieux fabricant a entrepris la construction d'une usine dont l'achèvement est désiré par le département du Puy-de-Dôme.

Les propriétaires de quatre ateliers distincts qui sont en activité dans le département du Doubs ont exposé des faulx qu'ils fabriquent, les uns avec de l'acier français, les autres avec de l'acier de Styrie. D'après les essais auxquels ces produits ont été soumis, ils sont tous d'une qualité satisfaisante et d'une bonne exécution. Le nombre des pièces annuellement fabriquées s'est accru depuis l'année 1823. L commerce répand ces faulx estimées, non-seulement en France, mais encore en Suisse et en Savoie; voici l'indication spéciale de ces quatre ateliers :

M. Nicod, à Fin-des-Gras, fabrique annuellement 13.500 faulx, outre des outils et des instrumens aratoires; il n'emploie que du fer provenant des forges du Doubs, avec de l'acier de Styrie.

M. Billod, à la Ferrières-sous-Jougue, emploie dans sa fabrique 75 quintaux métriques de fer fin, par année, avec 7 quintaux métriques d'acier qu'il prépare lui-même. Il en résulte environ 10.000 faulx de différentes sortes, dont le prix varie, pour chaque pièce, entre 2 fr. 15 c. et 2 fr 90 c.

MM. Baverel et fils, au même lieu, fabriquent le même nombre de faulx qu'ils vendent au même prix; leur atelier, qui existe depuis dix-huit ans, est récemment parvenu à soutenir la concurrence des établissemens voisins.

M. Bobilier, à la Grand-Combe, fabrique annuellement 15.000 faulx de diverses dimensions; il emploie du fer fin des forges environnantes, et de l'acier de Styrie; les produits qu'il expose ne sont pas inférieurs à ceux de ses concurrens.

Limes. Dans le grand nombre de limes qui sont exposées par dix-huit fabriques différentes, il convient de distinguer les limes fines assorties, en acier fondu, et les limes ordinaires, dites limes au paquet ou en paille. Si les premières sont d'une exécution plus difficile et d'un usage plus délicat, les autres sont plus souvent l'objet d'une fabrication active, d'une consommation vulgaire, et d'un grand commerce. D'après les essais qui ont eu lieu sur ces limes, d'une manière analogue à ce qui a été développé dans le rapport fait au

Jury central en 1823, on a pu apprécier comparativement les qualités des limes exposées; mais il est juste de remarquer qu'il faut aussi avoir égard à l'étendue de la fabrication, afin de n'être pas exposé à mettre en parallèle des produits fabriqués tout exprès, et pour ainsi dire par extraordinaire, avec des limes d'une fabrication courante, qui sont la matière d'un grand commerce.

M. Saint-Bris, déjà cité au sujet de l'acier, expose des limes et râpes, qui offrent diverses dimensions depuis 8 centimètres jusqu'à 4 décimètres de longueur, des limes, dites façon anglaise, d'autres dites façon de Nuremberg, et des carreaux dont la longueur varie de 5 à 16 pouces et le poids de 3 à 10 livres; en 1826, il a été fabriqué dans sa manufacture, à Amboise (Indre-et-Loire),

200.000 paquets de limes d'Allemagne, chaque paquet du poids moyen de $0^{k},87$;
50.000 douzaines de limes façon anglaise; chaque douzaine du poids moyen de 2 kil.;
2.000 paquets de limes, dites de Nuremberg;
6.000 carreaux des dimensions et du poids susmentionnés.

Cette masse de produits est la meilleure preuve de l'estime dont ces outils jouissent dans le commerce et dans les ateliers; ils ont d'ailleurs résisté aux essais, d'une manière satisfaisante.

MM. Coulaux aîné et compagnie, à Molsheim (Bas-Rhin), présentent des limes ordinaires de tous échantillons, et des limes d'acier fondu. Il fut remarqué, en 1823, que la fabrication des limes n'avait été entreprise dans cet établissement que vers 1820, et que déjà MM. Coulaux livraient annuellement au commerce 10.000 douzaines de limes, dites bâtardes, douces et demi-douces, 2.000 douzaines de râpes et 96.000 paquets de limes en paille. Depuis cette époque, la quantité de produits s'est considérablement accrue à Molsheim : on y a de plus introduit la fabrication des limes d'acier fondu, de façon anglaise; auparavant, on n'y fabriquait des limes qu'avec de l'acier naturel raffiné. Les prix annoncés par les tarifs de cette fabrique sont inférieurs à ceux de plusieurs établissemens du même genre.

M. Ruffié, déjà cité au sujet de l'acier et des faulx, fabrique des limes qui soutiennent avantageusement la concurrence avec les limes d'Allemagne. Le prix des limes au paquet n'est que de 1 fr. 70 c., dans sa fabrique située à Foix (Ariége).

MM. Garrigou, Massenet et compagnie, à Toulouse (Haute-Garonne), exposent des limes de divers échantillons, qui sont très-recherchées dans le commerce. Dans leurs ateliers, la fabrication s'élève annuellement à 800 quintaux métriques de limes. Ces produits estimés justifient ce qui a été dit sur leur établissement, au sujet de l'acier.

MM. Leclerc et Dequenne, à Raveau (Nièvre), présentent des limes exécutées avec l'acier qu'ils préparent, produits dont la bonne qualité soutient la réputation de leur fabrique;

MM. Monmouceau père et fils et compagnie, à Orléans (Loiret), et M. Rivals-Gingla (Aude), des limes et râpes dont la forme est satisfaisante, la taille régulière, et la dureté capable de résister à des essais rigoureux;

M. Musseau, à Paris, des limes en acier fondu, dont la qualité ne laisse rien à désirer, et dont le prix est modéré. Ces produits sont recherchés dans le commerce. En 1823, il fut constaté que M. Musseau avait fabriqué, dans l'année précédente, 6.760 douzaines de limes avec de l'acier français. Depuis cette époque, de nouveaux progrès ont eu lieu dans ses actifs ateliers.

MM. Abat père et fils et compagnie, à Pamiers (Ariége), exposent des limes et des carreaux, bien fabriqués, et de bonne qualité. Le prix des limes au paquet est de 1 fr. 80 c.; le prix des carreaux est de 2 fr. 10 c. le kilogramme. Ces produits, qui sont estimés dans les ateliers français, contribuent à les dispenser d'avoir recours aux limes tirées d'Allemagne.

MM. Renette et compagnie, à Paris, fabriquent des limes en acier fondu, de toutes dimensions. Ces limes sont d'une forme convenable, d'une taille fine et régulière; elles sont taillées par le moyen de machines ingénieuses; on peut ainsi tailler avec précision et célérité, non-seulement des limes très-fines pour tous les besoins de l'horlogerie et d'autres arts, mais encore des limes de tous les échantillons usités dans le commerce. Outre ces produits, M. Renette a exposé des canons de fusils et des armes à feu, que nous considérerons ailleurs.

MM. Dessoye et Paintendre, à Brevannes (Haute-Marne), présentent un assortiment complet de limes, soit au paquet, soit ordinaires, de limes d'acier naturel corroyé, et de limes d'acier fondu. Les essais opérés sur ces produits en ont fait reconnaître la bonne qualité. En 1823, la fabrique de Brevannes n'occupait que sept ouvriers ; elle n'existait alors que depuis un an. Aujourd'hui, le nombre des ouvriers s'y élève à soixante-deux : on y consomme par année, pour la fabrication des limes, 492 quintaux métriques d'acier qui provient presque entièrement d'usines françaises.

Les limes que fabriquent MM. Dessoye et Paintendre sont mieux taillées et plus droites que celles des meilleures fabriques d'Allemagne. Les prix de leurs produits sont modérés. Ces fabricans ont introduit dans leurs ateliers de nouveaux procédés pour l'émoulage des limes.

M. Schmidt, à Ménilmontant près Paris, expose des limes fines en acier fondu. Ces produits, estimés dans le commerce, ont résisté aux essais les plus rigoureux.

La fabrique d'acier du Bas-Rhin, à Illkirch, présente des limes en acier corroyé, d'autres en acier fondu, des râpes ordinaires, des limes et des râpes en paille : on emploie ces produits avec satisfaction dans l'arsenal de Strasbourg. Le colonel d'Artillerie, Directeur de cet arsenal, déclare par un certificat, en 1827, que, depuis un an, la fabrique d'acier du Bas-Rhin a fait beaucoup de progrès dans la taille et dans la trempe des limes, et que ces outils résistent mieux au travail, que les produits d'autres fabriques estimées. Cet établissement ne fut mis en activité qu'en 1825 ; on y fabrique déjà, par année, 7.200 douzaines de limes, dites bâtardes, demi-douces et douces, 19.200 paquets de limes, dites façon d'Allemagne, et 4.800 carreaux. Ces faits justifient ce qui a déjà été dit, au sujet de l'acier, sur le mérite de cet établissement.

M. Pupil, à Paris, expose des limes d'acier

fondu, qui ont bien résisté aux divers essais et qui sont bien exécutées;

M. Gourjon de la Planche, au Cholet (Nièvre), des limes demi-rondes, ainsi que des limes façon d'Allemagne, qui sont d'une qualité satisfaisante et d'une belle exécution;

MM. Guénan père et fils, à Thiers (Puy-de-Dôme) et M. Armbruster, à Paris, des limes et râpes de bonne qualité;

M. Pallarès, à Boulleternère (Pyrénées-Orientales), des limes dont il a augmenté la dureté par un procédé qui lui est propre, mais sans avoir établi une fabrique.

Scies et Ressorts.

MM. Coulaux aîné et compagnie, à Molsheim (Bas-Rhin), parmi différentes sortes de scies laminées et martinées, présentent de petites scies d'acier fondu pour les métaux, de grandes scies de la même matière, qui sont plus minces au dos que sur le tranchant, pour l'exploitation des bois, des ressorts en acier laminés à froid par le moyen de cylindres en fonte d'une extrême dureté, des râcles pour l'impression des toiles, enfin des buscs d'acier et un grand nombre d'outils divers. Dans cette belle réunion de produits, on remarque une bande d'acier qui a été laminée à froid; elle a de longueur 750 pieds et d'épaisseur 1 point ou $\frac{1}{12}$ de ligne. Une autre bande, pour chaînes de montres, est longue de 150 pieds, et n'a d'épaisseur qu'un demi-point. Depuis l'Exposition de 1823, MM. Coulaux ont introduit dans leur établissement la fabrication de vingt-six nouvelles sortes de scies, dont chacune est désignée dans le commerce par un nom particulier. Il fut constaté, en 1823, que dans les ateliers de Molsheim la fabrication annuelle des scies et des ressorts d'horlogerie s'élevait à 53.760 douzaines. Depuis cette époque, elle s'est encore accrue, et la qualité des produits s'est améliorée. Les tarifs publiés prouvent la modération des prix.

MM. Peugeot frères, Calame et Salins, à Hérimoncourt (Doubs), outre des scies de diverses formes et dimensions, exposent des buscs et des ressorts en acier laminé. Leur manufacture consomme annuellement, en matières tirées d'usines françaises, 600 quintaux métriques d'acier naturel, 400 de fer et 20 d'acier fondu. A ces matières on ajoute 100 quintaux métriques d'acier fondu qui provient d'usines étrangères. L'usine d'Hérimoncourt fournit par année 14.000 douzaines de lames de scies, 6.000 douzaines de buscs en acier et 60 quintaux métriques d'acier laminé pour ressorts; ces marchandises sont recherchées en Suisse et en Italie.

M. Mongin aîné, à Paris, expose des scies laminées et battues ensuite au marteau, des ressorts, des buscs d'acier, des scies de forme circulaire, et des scies pour mécanique, par le moyen desquelles on peut obtenir depuis quinze jusqu'à vingt-cinq feuilles de placage dans un pouce de bois. Parmi ces produits, il se trouve un ressort de 50 pieds de long et de 4 pouces et demi de large, qui est fabriqué en acier français, et dont la force élastique peut faire mouvoir un poids de 200 kilogrammes. Plusieurs certificats prouvent que M. Mongin fournit d'excellentes scies, non-seulement en France, mais encore en Allemagne, dans les villes de Hambourg et de Berlin.

M. Bouffon (Puy-de-Dôme), déjà cité au sujet des faulx, présente des scies d'une belle exécution et de bonne qualité;

MM. de Guaita et compagnie, à Zornhoff (Bas-Rhin), des scies raffinées, qu'ils fabriquent en grande quantité dans un établissement formé depuis l'Exposition de 1823. Ces nouveaux ateliers renferment quarante feux de forge et occupent deux cent quatre-vingts ouvriers. Les matières qu'on y emploie proviennent du sol français ; les produits sont bien fabriqués et d'un prix modéré, ce qui, dès l'origine de l'établissement, les a fait rechercher dans le commerce.

MM. Sirodot et compagnie, à Bèze (Côte-d'Or), exposent des tôles de grandes dimensions, en fer et en acier, produits dont le mérite contribue à la réputation de leur établissement déjà cité ; Tôle.

MM. Leclerc et Dequenne, à Raveau (Nièvre), une belle feuille de tôle d'acier, qui atteste des progrès dans ce genre de fabrication.

Des tôles et des fers noirs ou tôles en caisses sont exposés, en même temps que des fers-blancs, par les établissemens d'Imphy et de Pont-Saint-Ours (Nièvre), de la Chaudeau et de Magnoncourt (Haute-Saône) ; ces produits doivent être considérés ensemble.

MM. Debladis, Auriacombe, Guérin jeune et Bronzac, à Imphy (Nièvre), présentent des feuilles de tôle en fer forgé, un fond de fer embouti au marteau, une grande caisse à eau, construite en tôle pour le service de la marine, et dix échantillons de fer-blanc de diverses dimensions et qualités. Parmi ces produits, on remarque Fer-blanc.

1°. Une feuille de tôle, en fer forgé, dont

la longueur est de 2,m6
la largeur........ 1, 88
l'épaisseur....... 0, 004 ;
le poids... 188k. ;

28. Un fond de chaudière, embouti, qui a

de diamètre. . . . . $1^{m},557$
de relevé, ou profondeur, o ,13 ,
et dont le poids est de 71 kil.

L'usine d'Imphy, déjà citée au sujet du cuivre, fournit annuellement 15.000 quintaux métriques de tôle de fer, dont on destine 7.000 à la vente en cet état, 3.000 à la fabrication des caisses à eau pour la marine, et 5.000 à la fabrication du fer-blanc. Pour la tôle ordinaire du commerce, on emploie du fer qui est affiné par le moyen de la houille et du laminoir; mais pour celle qui doit être emboutie, retreinte, ou fortement ployée, on ne fait usage que de fer affiné au charbon de bois, et forgé sous le marteau. L'expérience a forcé de revenir à cet ancien procédé, que l'on pratique aussi en Angleterre: c'est pourquoi, dans la fabrication du fer-blanc de bonne qualité, l'on n'admet plus que du fer affiné au charbon de bois, et la houille n'est employée que pour chauffer les feuilles de tôle au fourneau de réverbère. Dans l'établissement d'Imphy, on étame le fer-blanc brillant avec de l'étain pur, et le fer-blanc terne avec de l'étain ordinaire, auquel on ajoute 0,6 de plomb, pour 0,4 d'étain. On y fabrique par année 10.000 caisses de fer-blanc, dont le poids varie de $57^{k},5$ à 75 kil., selon les diverses qualités; les essais que ce fer-blanc a subis ont fait reconnaître qu'il présente un étamage uni et d'un blanc pur, qu'il s'étend bien sous le marteau, et qu'il se prête à recevoir des formes très-variées, sans se briser, se gercer, ni se fendre.

D'après un marché conclu pour cinq ans avec le Ministère de la marine, l'établissement d'Imphy livre par année six cents caisses à eau pour les vaisseaux du Roi. Le prix de cette fourniture est inférieur à celui des précédentes.

M. Fouques fils, à Pont-Saint-Ours (Nièvre), présente des tôles, des fers-noirs et des fers-blancs de divers échantillons. Dans cette manufacture on applique depuis long-temps avec succès les procédés qui sont connus sous le nom de méthode anglaise. On y fabrique annuellement 9.000 quintaux métriques de tôle et de fer-blanc ; ces produits ont été reconnus propres à l'exécution de toutes sortes d'ouvrages.

MM. de Buyer, oncle et neveu, à la Chaudeau (Haute-Saône), exposent des fers-noirs d'une épaisseur très-régulière, ainsi que des fers-blancs dont l'éclat est remarquable; il résulte des essais opérés sur ces produits, qu'ils réunissent toutes les qualités désirables. Dans l'établissement de la Chaudeau, MM. de Buyer, depuis l'année 1823, ont substitué des laminoirs aux marteaux, de manière à compléter l'emploi de la méthode anglaise pour la fabrication de la tôle et du fer-blanc ; en même temps, ils ont achevé de construire et mis en grande activité une nouvelle usine du même genre, à Magnoncourt près Saint-Loup; ils ont assuré à leurs grands ateliers l'emploi de fontes et de fers de la meilleure qualité, en acquérant, dans la Franche-Comté, un haut-fourneau et des feux d'affinerie au charbon de bois. Le fer qu'ils emploient pour la fabrication du fer-blanc est affiné par ce procédé, puis forgé sous le marteau. L'ensemble de ces manufactures livre annuellement au commerce 9.000 caisses de fer-blanc, ce qui confirme l'opinion émise sur le mérite de leurs produits.

M. le baron Falatieu, à Bains (Vosges), expose du fer-blanc de divers échantillons. Dans l'usine de Bains, on fabrique annuellement 11.000 caisses de cette marchandise. On y affine au charbon de bois la fonte de fer, que le même propriétaire obtient de ses hauts-fourneaux situés dans le département de la Haute-Saône. Le fer-blanc de l'usine de Bains est depuis long-temps estimé dans le commerce. Il s'étend bien sous le marteau; l'exécution en est régulière et l'étamage d'un vif éclat.

MM. Bourcard-Van-Robais et compagnie, à Pont-sur-l'Ognon (Haute-Saône), exposent un assortiment complet de fers-blancs, soit ternes, soit brillans. Cette manufacture n'a été mise en activité que depuis un an, et déjà ses produits sont recherchés par les consommateurs; il résulte des essais qu'ils ont subis, que ce fer-blanc est d'une qualité satisfaisante pour les usages ordinaires; il se fait remarquer par un étamage très-uni.

Tréfileries. M. Mouchel fils, à l'Aigle (Orne), expose des fils métalliques de toutes sortes, soit en fer pur, soit en fer cuivré ou étamé, en laiton, en cuivre pur, en cuivre blanchi à l'argent. La régularité, la finesse et le poli des fils, nommés *traits* de fer ou de cuivre, justifient la réputation dont jouit cette fabrique. Dans les fils fins, la longueur d'une pièce va jusqu'à 20.000 mètres. M. Mouchel prépare lui-même les filières qui lui procurent ces produits dignes d'éloges.

M. le baron Falatieu, à la tréfilerie de la Pipée (Vosges), expose des fils de fer de différens numéros, qui sont tous de très-bonne qualité. Ce fabricant a récemment introduit d'importantes améliorations dans ses divers ateliers, déjà cités au sujet du fer-blanc. Il en résulte que la tréfilerie de la Pipée n'emploie plus que d'excellent fer. Aux tenailles qui mordaient le fil de métal, pour le contraindre à passer par la filière, on a substitué des cylindres ou bobines, sur lesquels il s'applique sans être endommagé; cette tréfilerie fournit annuellement 2.180 quintaux métriques de fil de fer, très-estimé dans le commerce.

MM. Mouret de Barterans et de Velloreille, à Chenecey (Doubs), ont exposé des fils de fer, des fils d'acier, et des fils recouverts de laiton. L'une des pièces, en fil à cardes, pèse 5 kilogrammes, et a plus de 5.000 mètres de longueur. Dans l'usine de Chenecey, on fabrique annuellement 6.000 quintaux métriques de fil de fer.

MM. Colliau et compagnie, à Toutevoie près Chantilly (Oise), exposent des fils de fer et d'acier, nommés fils à cardes et fils-carcasses, produits obtenus par des procédés mécaniques. L'une des pièces de fil-carcasse, no. 26, du poids de 6k,25, a de longueur 17.959 mètres; une autre pièce en fil à cardes, no. 34, longue de 3.905 mètres, ne pèse que 0k,6. Cet établissement, formé en 1824, fournit déjà par année 3.000 quintaux métriques de fils métalliques, aux principales fabriques de cardes dont les produits sont exposés. Depuis la même époque, le prix de ces fils a éprouvé une diminution de 25 pour 100.

M. Mignard-Billinge, à Belleville (Seine), présente une collection complète de verges et de fils en acier fondu, en laiton, et, en général, de métaux étirés à la filière, tels que fil uni et fil cannelé, dit acier à pignons, pour les horlogers, tringles, soit rectangulaires, soit rondes, soit ovales, pour les pendules, poinçons de découpoirs, et autres objets analogues. Cette fabrique existe en France depuis trente ans; mais elle y est encore la seule de son genre. La préparation des verges et fils d'acier fondu, quoiqu'elle soit bornée par un usage peu répandu, s'y élève à 100 quintaux métriques par année. La beauté des ouvrages en acier fondu prouve que M. Mignard Billinge possède l'art de fabriquer d'excellentes filières, puisqu'elles sont capables de façonner une matière si dure.

M. Fouquet, à Rugles (Eure), expose des fils de fer et des fils de laiton, de diverses grosseurs. Ce fabricant a établi, depuis quatre ans, dans plusieurs communes du même département, des ateliers de fonderie, de laminage et de tréfilerie, pour la préparation du fil de laiton et du fil de fer, qu'il emploie ensuite dans ses fabriques d'épingles, situées à Rugles; la bonne qualité de ces produits est attestée par la réputation dont jouissent dans le commerce les épingles et les clous, que le même fabricant répand en France et chez l'étranger.

M. Duval, à la Gouberge (Eure), présente du fil de laiton, bien fabriqué.

M. Rousset, à Paris, expose des cordes métalliques pour instrumens de musique, produits qu'il prépare à la filière. On tirait cette marchandise des pays étrangers, avantque M. Rousset en eût perfectionné la fabrication, comme il l'a fait depuis l'Exposition de 1823 : c'est ce qu'attestent plusieurs certificats.

MM. Leclerc et Dequenne, à Raveau (Nièvre), présentent des fils d'acier qui sont propres à la fabrication des aiguilles.

Après les produits des tréfileries, on peut citer comme une preuve de la flexibilité des fils métalliques, les ouvrages que M. Courtier, de Paris, exécute avec le fil de fer, tels que peignes, pendules, cottes-de-maille et ressorts de sacs.

MM. Marchand et Vanhoutem, à l'Aigle (Orne), exposent des aiguilles cannelées et percées par un procédé mécanique. Dans cette fabrique, on emploie le fil d'acier cémenté, le fil d'acier naturel et le fil d'acier fondu. Au lieu de percer l'aiguille à la main avec un poinçon, et de la canneler avec une lime, comme cela se pratique en Allemagne, on exécute ces deux opérations par le moyen d'une machine. Les aiguilles sont cannelées par une pression qui agit également sur les deux côtés de la tête ; elles sont percées à l'aide d'un poinçon dont la force est constamment la même. De ce procédé, dont on a fait récemment usage en Angleterre, il résulte une grande économie de temps ; car une machine à canneler opère sur 18.000 aiguilles par jour, et une machine à percer sur 10.000, tandis qu'en Allemagne, un ouvrier, dans une journée, ne peut faire la tête qu'à 1.500 aiguilles. Les produits du nouvel établissement soutiennent la concurrence avec ceux des fabriques étrangères : c'est la seule fabrique d'aiguilles qu'il y ait en France. Aiguilles.

M. Saulnier, à Paris, expose des plaques et rubans de cardes, produits obtenus par le moyen de machines avec lesquelles un seul ouvrier fait autant d'ouvrage que dix-huit en peuvent faire, Cardes.

dans un temps donné, par les procédés ordinaires. Ce fabricant a établi à Neuilly près Clermont (Oise) quatorze de ces machines à cardes. Dans les produits qu'il présente, on reconnaît un choix convenable des cuirs employés pour les différentes sortes de cardes ; ces cuirs sont percés avec régularité; les fils métalliques y sont implantés comme ils doivent l'être, de telle manière que le pied et le sommet de la dent se trouvent placés dans une même ligne, qui est perpendiculaire à la surface du cuir. Outre ces produits, qui sont recherchés dans les manufactures de tissus, M. Saulnier a exposé d'autres objets également utiles aux mêmes ateliers, tels que broches pour filatures, peignes à laine et à cachemires, peignes à lin et à chanvre.

M. Metcalfe, à Meulan (Seine-et-Oise), présente des plaques pour machines à carder le coton, ainsi que des échantillons de plaques et rubans de cardes. Les plaques sont fabriquées à la main; les rubans sont exécutés par le moyen d'une mécanique ; l'un d'eux a 100 pieds de longueur. Les cuirs employés sont d'une force bien proportionnée à la grosseur du fil de métal qui forme les dents de ces diverses cardes.

MM. Scrive frères, à Lille (Nord), exposent des plaques et rubans de cardes, fabriqués par le moyen d'une machine. La bonne exécution et le prix modéré de ces produits attestent des progrès dans un genre de fabrication, qui contribue aux succès des manufactures de tissus.

M. Hache-Bourgois, à Louviers (Eure), présente des cardes qu'il fournit aux ateliers de tissage les plus renommés. Les produits de son importante fabrique obtinrent, en 1823, une médaille d'or ; mais il est à regretter qu'en 1827 les objets qu'il destinait à l'Exposition n'aient pas été présentés à l'examen du Jury départemental, ce qui les a fait exclure de concours.

MM. Risler frères et Dixon, à Cernay et à Mulhausen (Haut-Rhin), déjà cités au sujet de la fonte de fer, exposent des plaques et des rubans de cardes à coton, produits exécutés par le moyen d'une machine ;

M. Manteau, à Paris, des rubans de cardes pour laine, qui sont aussi exécutés mécaniquement, et des plaques, soit pour laine, soit pour coton, qui sont fabriquées à la main ;

M. Lambert, à Paris, des cardes exécutées par un procédé mécanique ;

M. Anger, à Saint-Denis près Paris, des plaques et rubans fabriqués par le même moyen ;

M. Harmey, à Paris, un assortiment de plaques et rubans, pour cardes à laine et à coton, qui sont exécutés à la main ;

M. Achez-Portier, à Mouy (Oise), des plaques et rubans de cardes à laine et à coton, objets fabriqués par le moyen d'une machine ;

MM. Estlin-Villette et compagnie, à Lille (Nord), des plaques et rubans de cardes, exécutés par le même procédé ;

M. Lecomte, à Évreux (Eure), une carde montée.

Tous ces produits sont bien fabriqués.

MM. Laverrière et Gentelet, à Lyon (Rhône), présentent des peignes pour le tissage des étoffes de soie. L'un de ces peignes, composé de lames d'acier laminé, qui sont assemblées par le moyen d'une soudure, sans aucun fil de liga- Peignes ou Rots.

ture, contient 156 dents par pouce courant : c'est moitié en sus de ce que contenait un semblable instrument qui fut exposé en 1823 par M. Laverrière et ses associés. Depuis quatre ans, MM. Laverrière et Gentelet ont établi une manufacture, distincte de l'ancienne société. Les peignes qu'ils fabriquent sont recherchés dans les ateliers de Lyon, de Rouen, d'Amiens et de Saint-Quentin : c'est avec un de ces peignes, que l'on a exécuté le tableau tissé qui représente le testament de Louis XVI. Ce peigne a été employé pendant plusieurs mois avec seize fils de chaîne pour chaque dent, et sous un battant du poids de 50 kil., sans éprouver aucune variation. En perfectionnant cette importante branche d'industrie, MM. Laverrière et Gentelet ont fait baisser de plus d'un tiers le prix des peignes à tisser.

M. Vuilquint, à Paris, expose des peignes pour la préparation des laines à cachemires, produits bien exécutés, qui sont recherchés dans les manufactures de ce genre ;

MM. Chatelard et Perrin, à Lyon (Rhône), des peignes d'acier, pour le tissage des draps. Dans plusieurs fabriques du département de l'Hérault, à Lodève, à Dieulefit et ailleurs, ces produits ont été substitués avec avantage aux peignes de roseau ou de jonc, nommés rots, comme étant plus durables, plus régulièrement exécutés, et moins sujets à des variations ou accidens qui nuisent au tissage.

MM. Debergue et compagnie, à Paris, présentent des peignes de tissage, fabriqués par le moyen d'une machine ;

M. Lenain, à Paris, d'autres peignes pour le même objet ;

M. Gautheron, à Paris, des peignes sans ligature, notamment des peignes pour la fabrication des galons de voitures;

M. Hartmann, à Paris, des peignes en acier, qui sont taillés dans le corps d'une lame, pour la préparation des laines et d'autres matières propres au tissage.

Tous ces produits, bien exécutés, attestent les progrès de plusieurs genres de fabrication.

MM. Boilvin frères, à Badonvilliers (Meurthe), exposent des alènes de diverses formes et dimensions; ils fabriquent vingt sortes différentes d'alènes courbes et seize d'alènes droites. Ces produits, de bonne qualité, sont d'un prix modéré, ce qui leur permet de soutenir la concurrence avec les fabriques d'Allemagne, qui pendant long-temps furent seules en possession de fournir d'alènes les cordonniers et les selliers. Alènes.

M. Thirion, à Saint-Sauveur (Meurthe), présente des alènes façon de Styrie, façon anglaise et façon d'Allemagne, de différentes formes et grosseurs, et des alènes courbes à petits points, objets dont la bonne fabrication et la variété prouvent que ce genre d'industrie, peu répandu en France, a fait des progrès dans les ateliers du département de la Meurthe.

M. Roswag fils, à Schelestadt (Bas-Rhin), présente des toiles et gazes métalliques, produits qui sont employés pour la fabrication des tamis, du papier vélin, des lampes de mineurs, et d'un grand nombre d'autres objets. Ces toiles et gazes ont une largeur qui varie entre 12 et 60 pieds, sur une longueur de 30 à 150. Le tissu le plus fin contient par pouce carré 160 fils de métal sur chaque côté, et par conséquent 25.600 mailles. Toiles métalliques.

Au lieu d'employer, comme on le faisait autrefois, des fils de laiton tirés d'Allemagne et des Pays-Bas, M. Roswag fait usage de fils préparés en France, dans le département de l'Orne. Ce fabricant expédie des tissus métalliques en Suisse, en Hollande, en Allemagne et en Russie. Outre des toiles fines et des gazes de ce genre, il exécute des tissus en gros fils de fer, qui sont employés avantageusement dans les séchoirs des brasseries.

M. Saint-Paul, à Paris, expose des tissus métalliques de vingt-trois échantillons différens, en fil de fer et en fil de laiton. Parmi ces produits, on remarque un tissu de laiton, qui contient par pouce carré 100 fils de chaîne avec 100 fils de trame, et par conséquent 10.000 mailles. Dans un autre tissu de laiton, dit *basin fin*, on compte par pouce carré 30 fils de chaîne et 240 fils de trame. Les travaux de ce fabricant ont beaucoup contribué aux progrès que son art a faits en France.

M. Gaillard, à Paris, exerce la même industrie avec le même succès : c'est ce que prouvent les produits qu'il expose.

M. Vallier, à St.-Denis (Seine), présente des toiles métalliques dont l'exécution est remarquable. L'une d'elles a 5 pieds de large, et le fabricant peut donner à ses tissus une longueur indéfinie, selon les besoins des papeteries mécaniques, où l'on en fait usage. Ses ateliers, établis en 1824, fournissent aujourd'hui de semblables tissus plusieurs fabricans de papier *continu*, qui auparavant tiraient ces objets de l'Angleterre.

MM. Denimal et Miniscloux, à Valenciennes (Nord), présentent des toiles métalliques en fer et en laiton. L'un de ces tissus présente par pouce carré 137 fils de métal sur chaque côté, ce qui fait 18.769 mailles ou 18.496 percées. Un tissu croisé, en fer et laiton, avec dessins variés, prouve une grande habileté dans ce genre d'industrie. Deux pièces tissées en laiton sont destinées à la fabrication mécanique du papier. La première a 30 pieds de long sur 48 pouces de large, avec 2.700 percées au pouce carré, et la seconde 30 pieds de long sur 55 pouces de large, avec 4.356 percées au pouce carré. Les tissus en fil de fer, pour moulins et bluteries, ne sont pas moins bien exécutés. La fabrique de MM. Denimal et Minischoux, quoiqu'elle n'existe que depuis l'année 1822, répand déjà d'abondans produits en France, en Hollande et en Prusse.

Madame Hartmann, à Paris, présente des tissus métalliques;

M. Porlier, à Paris, des formes à papier, en fil de laiton.

Ces produits sont d'une exécution satisfaisante.

M. Sirot, à Valenciennes (Nord), présente différentes sortes de clous, soit en fer, soit en zinc, soit en cuivre, qui sont coupés et frappés à froid par le moyen d'une machine. La fabrique de M. Sirot fut établie au commencement de l'année 1825; déjà elle est montée de manière à pouvoir occuper deux cents ouvriers. On y prépare, avec divers métaux, trente sortes ou échantillons de clous, qui sont désignés par le n°. 1 à 30, et dont le prix moyen est de 60 cent. par millier de pièces. Un seul ouvrier peut frapper à froid 8.000 clous en un jour. Pour fabri- Clouterie.

quer ainsi 8.000 clous, on emploie, dans le n°. 1, en fer, 0^k,2525, et dans le n°. 30, en fer, 7^k,3532; par ce procédé mécanique, les clous sont achevés promptement, sans éprouver le déchet qu'entraîne le travail de la forge pour les clous ordinaires. On économise ainsi moitié de la quantité de métal qu'exige la fabrication de ceux-ci. La finesse des clous frappés à froid n'expose pas le bois à se fendre; leur résistance les préserve de la rupture pendant qu'on les chasse et qu'on les rive; la fabrication des clous en cuivre s'exécute sans frottement par le nouveau procédé, ce qui met les ouvriers à l'abri des inconvéniens de ce métal.

M. Thirion, à Saint-Sauveur (Meurthe), déjà cité au sujet des alènes, présente des clous *à monter*, de diverses formes et dimensions, ainsi que des clous à deux têtes et à deux pointes, pour cordonniers et bottiers;

M. Grün, à Guebviller (Haut-Rhin), différentes sortes de clous, fabriqués par le moyen d'une machine;

M. Lemire, à Clairvaux (Jura), des clous exécutés à froid par des procédés mécaniques, et des clous, dits *façon de fil de fer*, pour la fabrication desquels on met à profit du fer de qualité inférieure, par un procédé plus expéditif que l'étirage à la filière; l'économie qui en résulte a diminué le prix de ces objets qui sont nécessaires à de nombreux travaux.

M. Fouquet, à Rugles (Eure), déjà cité au sujet des tréfileries, expose des clous d'épingle, dits *pointes de Paris*, des élastiques en laiton, des *houzeaux* ou longues épingles de laiton, à tête ronde, et des épingles en fer. Les travaux de MM. Fouquet occupent 2.500 ouvriers dans un rayon de cinq lieues autour de la ville de l'Aigle; leur fabrique de clous d'épingle renferme deux machines, dont chacune fournit quarante clous par minute. En une seule opération, et par un seul ouvrier, le fil de fer est dressé, coupé, affilé pour la pointe, et frappé pour la tête du clou d'épingle, qui se trouve ainsi achevé. Il en résulte une grande économie de main-d'œuvre, ce qui a fait baisser le prix de ces produits; ils sont recherchés en France et chez l'étranger, notamment dans les États-Unis d'Amérique, où ils soutiennent la concurrence avec ceux des fabriques anglaises.

Bijouterie d'acier.

M. Frichot, à Paris, expose divers objets de bijouterie en acier poli, parmi lesquels se fait admirer une décoration d'appartement, qui est composée d'une pendule et de deux candélabres. D'après l'annonce de ce fabricant, c'est un assemblage de 91.000 morceaux, qui présentent 1.028.500 facettes, et dont le montage a exigé 2.053.000 opérations; le prix en est de 25.000 francs. La belle exécution de cet ouvrage rappelle les précédens succès de M. Frichot.

M. Provent, à Paris, se distingue aussi dans le même genre de fabrication; il expose deux flambeaux d'acier, qui sont en partie bronzés, objet du prix de 2.000 francs; une pendule d'acier poli du prix de 1.500 francs; des croix, dont le prix varie de 35 à 48 francs, et une large clef de montre, qui est taillée à jour dans un seul morceau d'acier poli, objet du prix de 240 francs.

M. Pauly, à Paris, expose un peigne avec une parure en acier, le tout du prix de 500 francs; d'autres peignes, dont toutes les pièces sont montées à vis, et dont le prix varie de 25 à 70 fr.; des croix, des boucles d'oreilles et des boucles de ceinture, objets dont le prix varie entre 3 et 30 francs, enfin un grand nombre de bijoux bien exécutés, qui sont d'un prix modéré.

M. Herfort, à Paris, présente des bijoux du même genre, objets parmi lesquels figurent avantageusement une pendule du prix de 1.800 francs et une croix du prix de 30 francs.

Serrurerie. Parmi les nombreux ouvrages de serrurerie, que réunit l'Exposition, on remarque les objets que voici :

Des fermetures à combinaisons, mécanismes ingénieux, que présente M. Huret, de Paris;

Des coffres-forts en fer, exposés par M. Toussaint, de Paris, qui a exécuté les belles ferrures de la voiture du Sacre;

Des serrures de sûreté, ainsi que divers ouvrages exposés par M. Thiry, de Metz (Moselle).

Tous ces produits se recommandent par le fini de l'exécution.

M. Bécasse, de Paris, présente un coffre-fort en fer, qu'il offre de donner à quiconque pourra l'ouvrir. Un second coffre, exposé par le même fabricant, ne peut être ouvert que par la réunion de deux clefs, dont l'une doit, pour cet effet, entrer dans l'autre; ces clefs étant distribuées entre deux associés, chacun ne peut ouvrir la caisse commune, qu'avec le concours de l'autre:

Deux grands coffres-forts en forme d'armoires, dont l'un est en fer ciselé, d'autres ouvrages de serrurerie, deux tableaux en tôle repoussée, un réchaud à parfums, des moulins, des tournebroches et un dévidoir, ouvrages exposés par M. Lepaul, de Paris, prouvent l'habileté de ce serrurier-mécanicien.

M. Regnier, de Paris, outre plusieurs mécanismes à l'usage des sciences et des arts, présente une porte de caisse en fer, ouvrage qui a pour objet de défier les voleurs et l'incendie ;

M. Lenseigne, à Paris, des cadenas à combinaisons;

M. Mouton, de la même ville, des serrures pour meubles.

Divers ouvrages de serrurerie, fabriqués dans la prison de Bicêtre, sont présentés par M. de Taverne, entrepreneur des travaux industriels dans les maisons de détention.

On remarque aussi l'exécution soignée des serrures qui sont fabriquées dans les prisons de Haguenau (Bas-Rhin), objets exposés par MM. Titot et Chatelux, entrepreneurs des travaux de ces établissemens.

M. Hardelé, de Paris, présente une porte de sûreté, dans laquelle dix-huit pênes en fer se ferment à-la-fois, ouvrage anciennement exécuté pour M. de Buffon par le serrurier-mécanicien de l'Académie des sciences. Dans l'épaisseur de la porte est ajusté un mécanisme à secret, qui a pour objet de saisir par le poignet un voleur qui tenterait d'ouvrir la serrure, et cela sans exposer le propriétaire au danger de se prendre lui-même au piége.

M. Leyris, de Paris, expose des châssis avec moulures en tôle, ouvrages qui, dans plusieurs circonstances, remplacent avantageusement les châssis de fenêtre en bois ;

M. Jacquemart, de Paris, des châssis de fenêtre à tabatière, exécutés en fer, et des baguettes, soit de fer, soit de cuivre, qui sont destinées à remplacer, dans le vitrage, celles que l'on nomme *petits-bois ;*

M. Borel, à Gap (Hautes-Alpes), des espagnolettes de fenêtre, à double crochet ;

M. Didiée, à Paris, une machine à forer les métaux ;

M. Sassier, à Paris, un modèle d'atelier de serrurerie ;

M. Delaforge, à Paris, une forge portative en fer, ouvrage dont les barreaux sont assemblés, dans toutes les parties anguleuses, par la soudure seule du métal, sans le secours d'aucune vis.

Coutellerie. Le nombre des ouvrages de coutellerie que réunit l'Exposition est si considérable, et les destinations de ces produits sont tellement variées, que, pour les comparer entre eux, il faut avoir égard à une foule de circonstances : les principales concernent l'origine, soit française, soit étrangère, des matières employées, l'espèce, tantôt fine, tantôt commune, des produits fabriqués, l'exécution plus ou moins soignée de ces produits, leur prix et leurs débouchés.

M. Sirhenri, à Paris, présente des instrumens de chirurgie, et d'autres ouvrages de coutellerie fine. Ce fabricant emploie de l'acier cémenté et de l'acier fondu, qu'il tire du commerce, et qu'il prépare lui-même par une nouvelle fusion dans sa fabrique située à Bougival (Seine-et-Oise). Depuis l'Exposition de 1823, M. Sirhenri s'est appliqué avec succès à donner à l'acier qu'il emploie l'aspect de celui qui est connu sous le nom de *damas* : la dureté, la ductilité et l'élasticité se trouvent réunies dans ses ouvrages en acier. Il expose des cymbales dont on peut ployer les bords avec une tenaille, sans les rompre. Les instrumens de chirurgie et les objets de coutellerie fine, qui sortent de ses ateliers, sont fabriqués avec une précision qui les fait de plus en plus rechercher.

M. Gavet, de Paris, fait exécuter de nombreux ouvrages de coutellerie dans une grande fabrique qu'il a établie à Chaumont (Haute-Marne). Aux routines aveugles, il a substitué les moyens que fournit une théorie éclairée, tels que des fourneaux à moufles pour forger l'acier, le bain métallique et le pyromètre pour la trempe, les appareils au sable pour le recuit, et une disposition convenable des roues et des meules dans les aiguiseries. Il en résulte que, depuis l'Exposition de 1823, M. Gavet a augmenté la quantité de ses produits, dont il a d'ailleurs amélioré la qualité et baissé les prix. Sur une quantité de 100.000 couteaux à lames d'acier et de 40.000 rasoirs, qui sort annuellement de ses ateliers, il s'en exporte environ la dixième partie à la Martinique, à la Guadeloupe et au Brésil, pour des prix qui varient entre 10 et 15 fr. la douzaine en gros. Ces produits sont recherchés par le commerce, à Bordeaux, à Lyon, à Rouen et ailleurs ; ils se répandent jusque dans les colonies anglaises, où M. Gavet est parvenu à les introduire, en concurrence avec les produits des fabriques de l'Angleterre.

M. Pradier, de Paris, fait fabriquer des ouvrages de coutellerie, tant à Chaville près Versailles, que dans la maison d'arrêt de Poissy. Des ateliers de cette maison, il sort par mois 1.200 canifs à coulisse et 500 taille-plumes. M. Pradier s'est aussi appliqué à perfectionner la fabrication des montures, ou manches, qu'il exécute, soit en nacre, soit en corne, avec une grande variété d'ornemens. Parmi les objets qu'il expose, on remarque un rasoir dont la lame se fixe dans les diverses positions que la main lui fait prendre.

MM. Dumas et Girard, à Thiers (Puy-de-Dôme), s'occupent principalement de la fabrication des rasoirs; ils en font un grand commerce; ils expédient dans le Levant ces produits, qui sont d'une qualité supérieure et d'un prix modéré.

M. Bost-Membrun, à Saint-Remy près Thiers (Puy-de-Dôme), fabrique des couteaux et d'autres objets bien exécutés, dont le commerce donne lieu à une exportation avantageuse.

M. Gillet, à Paris, s'applique avec succès à la fabrication des rasoirs en acier fondu : il répand dans le commerce 4.500 douzaines de rasoirs par mois, au prix de 10 fr. la douzaine pour les rasoirs tout montés, et de 9 fr. pour les lames sans monture : sa fabrique est une école où se forment de nombreux élèves.

M. Taillandier-Aimard, à Thiers (Puy-de-Dôme), expose principalement des ciseaux. En introduisant dans ses ateliers une bonne division du travail, il a fait baisser le prix de ces produits, et rendu service à l'industrieuse contrée qu'il habite.

M. Cardeilhac, à Paris, présente des ouvrages de coutellerie fine, qui sont fabriqués avec de l'acier de *damas*, préparé par M. Bréant. Tandis que d'autres perfectionnent la coutellerie commune, M. Cardeilhac se distingue dans la coutellerie de luxe, objet non moins utile au commerce.

M. Roussin, à Paris, fabrique principalement des rasoirs à dos mobile, avec une sorte d'acier fondu, qui est renommée sous le nom d'acier *Poncelet*, de Liége. La modération du prix de ces rasoirs est due en partie à ce que, pour une douzaine de lames, M. Roussin est parvenu à n'employer que trois quarts de livre d'acier.

M. Lenormand, à Paris, expose de bons instrumens tranchans, fabriqués avec un acier qu'il rend propre à cette destination;

M. Treppoz, à Paris, des rasoirs de bonne qualité, divers autres produits, et un sabre fabriqué avec de l'acier de damas, qu'il prépare lui-même;

Madame veuve Charles, à Paris, des rasoirs *façon de damas*, et des rasoirs à monture économique, dont chacun est du prix de 1 fr. 75 c.;

M. Sénéchal, à Paris, de bons ciseaux et divers ouvrages de coutellerie, tant fine que commune;

M. Bergougnan, à Paris, des rasoirs et d'autres produits bien fabriqués;

M. Vallon, à Paris, des rasoirs à dos de rechange, d'autres de forme nouvelle, qu'il nomme les uns, rasoirs à cylindre, les autres, rasoirs à pompe, des taille-plumes bien exécutés, et des cardes à perruques: ces cardes, fabriquées avec des aiguilles tirées d'Aix-la-Chapelle, s'exportent en pays étranger.

M. Touron, à Paris, expose divers ouvrages de coutellerie fine, dont la bonne qualité l'a fait préférer pour les fournitures de la Maison du Roi;

M. Frestel, à Saint-Lô (Manche), des rasoirs, des serpettes, ainsi qu'une jardinière à huit pièces, objets exécutés avec soin ;

M. Douris - Fumaux, à Thiers (Puy - de - Dôme), divers ouvrages de coutellerie, dans lesquels se trouvent réunies la bonne qualité de la matière, l'élégance de la forme et la modération des prix.

M. Soulot, à Paris, en exécutant avec une rare précision l'instrument lithotriteur de M. le docteur Civiale, s'est associé en quelque sorte au service qu'une importante découverte rend à l'humanité.

M. Laporte, à Paris, a formé depuis cinq ans un établissement dans lequel on fabrique des rasoirs de luxe avec de l'acier français, ainsi que de riches couteaux dont il fournit plusieurs orfèvres ; les matrices et emporte-pièces qu'il emploie sont exécutés dans ses ateliers.

M. Villenave, à Paris, fabrique principalement des rasoirs de forme anglaise, en acier fondu. Outre le mérite d'un tranchant vif et d'un beau poli, ces rasoirs, dont la masse et la forme favorisent la trempe, ont l'avantage d'être d'un prix modéré.

M. Cabau jeune, à Paris, présente des assortimens de couteaux, des instrumens de jardinage, des sécateurs à deux tranchans et à poignée, pour la taille des arbres, des taille-plumes et des rasoirs, objets habilement exécutés;

M. Méricant, à Paris, des taille-plumes de différentes sortes, des couteaux de table, dont les lames offrent un beau poli, et les manches un fini précieux, des canifs et des ciseaux, qui sont fabriqués avec de l'acier fondu français;

M. Morize, à Paris, des couteaux de cuisine ordinaires à 24 francs la douzaine et des rasoirs à 1 franc 50 centimes la pièce, objets fabriqués avec de l'acier français du département de la Loire; parmi ces produits, il se trouve une grande lame dont l'élasticité est remarquable : après avoir été courbée sur elle-même en forme de volute, cette lame se redresse parfaitement, dès qu'elle redevient libre.

M. Manouvrier, à Limoges (Haute-Vienne), expose des ciseaux d'un beau poli et d'une exécution soignée, ainsi qu'un greffoir fabriqué avec précision;

M. Daillé-Augeard, à Châtellerault (Vienne), de bons couteaux à lames d'acier, et des couteaux de dessert, à lames d'argent avec montures en nacre;

M. Choquet, à Paris, des rasoirs à double rabot et des rasoirs communs, d'un prix modéré; le même fabricant présente un rasoir à rabot et à deux tranchans, objet utile dans les cas où la main n'est pas sûre, comme, par exemple, sur les vaisseaux.

M. Lemaire fils, à Paris, présente de bons rasoirs qu'il vend à l'épreuve et des cuirs à rasoirs, qui sont renommés dans le commerce; la bonne qualité de ces produits rappelle que la fabrique de M. Lemaire eut l'honneur de fournir des rasoirs pour l'usage du Roi Louis XVI.

Plusieurs fabricans établis à Thiers (Puy-de-Dôme), ont exposé des ouvrages de coutellerie, dont la bonne exécution et le prix modéré prouvent que ce genre d'industrie jouit d'une heureuse activité, dans une contrée où depuis longtemps il est un des principaux moyens de travail; il nous suffira de rappeler ces produits estimés:

M. Tixier-Goyon présente de bons ciseaux;

M. Marquet, de bons couteaux de poche.

M. Gailon-Troullier aîné, M. Buisson-Martignac, M. Durand-Brasset-l'Héraud, MM. Jacqueton frères, MM. Arbaud-Pradier, M. Chassangue-l'Héraud, M. Saint-Joannis-Arbost, M. Thinet-Malménaïde, exposent divers objets de coutellerie, tant fine que commune, qui sont en général bien fabriqués.

On doit en dire autant des produits que présentent plusieurs fabricans établis à Paris, dont suivent les noms:

M. Vauthier expose des ouvrages de coutellerie, dans lesquels sont réunies la bonne qualité des lames et l'élégance des montures;

M. Guigardet, différens objets du même genre, notamment des rasoirs d'acier fondu, ainsi que divers taille-plumes;

M. Greiling, des instrumens de chirurgie, qui sont très-bien exécutés;

M. Sabatier, divers ouvrages de coutellerie;

M. Weber, des rasoirs dont le tranchant est légèrement concave, ce qui a pour objet d'en faciliter l'usage, un beau nécessaire de dentiste, et un taille-plume qui dispense de tout emploi du canif;

M. Veyrat, des ouvrages de coutellerie fine;

M. Beillet, des rasoirs, des couteaux, des canifs à coulisse, des taille-plumes et des sécateurs, objets dont plusieurs sont richement ornés de nacre.

M. Barraud traite l'acier fondu avec succès, par un procédé qui lui est propre, pour en fabriquer les objets de coutellerie qu'il expose.

M. Vallon jeune, entre autres objets, présente

un rasoir à dos en colonne, un rasoir d'une trempe particulière qu'il nomme *carbonisée*, une boîte d'instrumens propres à tailler les cors des pieds, et un affiloir, en pierre artificielle, pour les rasoirs.

MM. Mougeot frères, à Bruyères (Vosges), exposent dix-huit sortes de couteaux à manches de bois, produits de peu d'apparence, mais d'un usage très-répandu : de leur fabrique, dans laquelle ils emploient de l'acier naturel provenant du département des Vosges, il sort annuellement 60.000 couteaux, dont la douzaine se vend, pour la première sorte, 1 fr. 80 cent., et pour la dernière, 75 centimes.

M. Lemaire, à Châtellerault (Vienne), présente des couteaux et serpettes à plusieurs pièces ;

M. Finot, à Saulieu (Côte-d'Or), une nouvelle espèce d'affiloir, à laquelle il a donné le nom d'*euthégone*, c'est-à-dire, *bien aiguisant*, pour indiquer la propriété de procurer aux rasoirs un tranchant vif et doux.

Des outils divers et des ustensiles de toutes sortes sont exposés par un grand nombre de fabricans, dont plusieurs ont déjà été cités relativement à l'acier, aux limes et aux scies: Outils divers.

MM. Coulaux aîné et compagnie, à Molsheim (Bas-Rhin), ont réussi, depuis l'Exposition de 1823, à fabriquer en acier fondu, comme le font les Anglais, to[illegible]s sortes d'outils à l'usage des menuisiers, des charrons et des tourneurs; auparavant, ces objets étaient fabriqués en acier naturel raffiné. Si l'on compare les anciens produits avec les nouveaux, on reconnaît facilement la supériorité de ceux-ci. Depuis la même époque, on a introduit dans les ateliers de Molsheim la fabrication de toutes sortes de vis, notamment pour les filatures, celle d'un grand nombre d'outils et d'ustensiles nécessaires à diverses professions, et celle des outils à l'usage des colonies. Les nouvelles relations de la France avec l'Amérique méridionale font espérer que cette dernière branche d'industrie ne tardera pas à prendre un heureux développement.

MM. Jappy frères, à Beaucourt (Haut-Rhin) et à Badevel (Doubs), présentent des casseroles et des chaînettes, en fer étamé, des coupes en fer, dites *façon d'Allemagne*, et des tourne-broches à ressort, ouvrages dignes de la réputation dont jouissent les grands ateliers de Beaucourt.

M. Delarue, successeur de M. d'Herbecourt, à Paris, expose divers outils à l'usage des menuisiers, charpentiers, charrons, tonneliers, tourneurs, maçons et autres artisans. Plusieurs de ces outils, notamment les planes de charrons et les ciseaux de menuisiers, sont fabriqués en acier fondu. Des ateliers de M. Delarue, il sort annuellement pour plus de 400.000 francs d'outils divers qui sont recherchés par les ouvriers.

MM. Lacompar et compagnie, à Plancher-les-Mines (Haute-Saône), outre divers objets à l'usage des selliers, tels que boucles et anneaux, présentent un grand nombre d'autres articles de quincaillerie, tels que vis coniques pour métiers de tisserands, poulies pour filatures, fers à repasser, chandeliers en laiton, et lampes de sûreté pour l'exploitation des mines. Dans une grande usine, qu'ils ont établie depuis l'Exposition de 1823, on fabrique annuellement pour 250.000 francs de marchandises, par des moyens mécaniques, tels que balanciers, découpoirs et tours. Leurs ateliers renferment cent de ces machines, qui sont desservies par cent quatre-vingts ouvriers. Les matières qu'on y met en œuvre proviennent de grandes forges que cette compagnie possède dans le même lieu. Un quart des produits obtenus est exporté en Suisse, en Allemagne et en Italie. La fabrication des objets de sellerie, quoique n'ayant été entreprise que depuis six mois, s'élève à 6.000 pièces par jour. Les chandeliers et lampes en laiton sont complétement estampés sous le balancier. Un seul ouvrier peut en frapper deux cents paires en un jour. L'économie des procédés mécaniques a permis à cette fabrique de baisser le prix d'un grand nombre d'objets utiles.

M. Zanole aîné, à Orléans (Loiret), présente des chandeliers en fer et en cuivre, des étrilles et des peignes en fer; tous ces objets sont exécutés par des moyens mécaniques, et le prix en est modéré. La fabrique de M. Zanole répand annuellement dans le commerce 1.500 douzaines de chacun des produits indiqués.

M. Delaforge, à Orléans (Loiret), fabrique par année 600 douzaines de chandeliers en fer, dont le prix varie, suivant les qualités, entre 3 fr. 30 cent. et 12 fr. 50 cent. la douzaine, et 500 douzaines d'étrilles dont la douzaine se vend de 9 à 16 francs. Le même fabricant présente des fiches en fer pour armoires, des entrées de serrures et des boutons pour tiroirs, objets qui sont en général d'un prix modéré et d'une exécution satisfaisante.

M. Antiq, à Paris, présente une sonde de mineur, complète, c'est-à-dire comprenant toutes les pièces dont se compose cet utile instrument. Ces objets, en fer et en acier, sont exécutés avec une précision qui ne laisse rien à désirer. Une semblable sonde, lorsque l'on veut qu'elle puisse pénétrer à une profondeur de 44 mètres, comprend les pièces que voici :

18 outils, tels que tarières, trépans, tire-bourres, etc., du poids total de 90k,55, et du prix de....	603 f. c.;
Tête de tige et 22 alonges, assemblées par des boulons, le tout du poids de 336 kil., et du prix de..................	526 f. 20 c.;
10 pièces accessoires, telles que manivelles, clefs, curette, forets, etc., du prix total de.....................	153 f. c.;
Il faut y ajouter un bâtis, en bois de hêtre, que le même fabricant fournit pour......	36 f. c.;
Ainsi le prix total d'une sonde prête à travailler, et pouvant s'enfoncer à 44 mètres, est de.......................	1.318 f. 20 c.

Si l'on veut faire pénétrer la sonde au-delà de cette profondeur, on ajoute à la tige, des alonges de 2 mètres, dont chacune coûte avec ses boulons 24 fr. 20 c., de sorte que la dépense augmente seulement de 12 fr. 10 c. pour chaque mètre de profondeur, au-delà des 44 premiers.

Cette même sonde complète coûtait 1.623 fr. 42 c., avant que M. Antiq en eût entrepris la fabrication, et l'augmentation de dépense pour chaque mètre d'enfoncement, au-delà des 44 premiers, était de 15 fr. 50 c., d'où il suit que les travaux de ce mécanicien ont facilité l'exploration des espaces souterrains.

M. Fourmand, à Nantes (Loire-Inférieure), expose des câbles en fer, à l'usage de la marine. Depuis l'Exposition de 1823, il a perfectionné ce genre de fabrication, qu'il avait déjà le mérite d'avoir introduit dans une contrée maritime;

c'est ce que prouve l'empressement avec lequel ces produits sont recherchés par les marins. Le fer que ce fabricant emploie provient de l'usine de la Basse-Indre, où l'affinage s'exécute par le moyen de la houille et du laminoir, circonstance remarquable qui est certifiée par les autorités du département de la Loire-Inférieure.

MM. de Raffin jeune et compagnie, à Nevers (Nièvre), fabriquent, depuis l'année 1825, des chaînes-câbles pour la marine, tant avec les fers du Berri, affinés au charbon de bois et forgés sous le marteau, qu'avec les fers obtenus par le moyen de la houille et du laminoir, dans l'usine de Fourchambault (Nièvre). La quantité de leurs produits en ce genre s'élève annuellement à 2.400 quintaux métriques. On éprouve les câbles au moyen d'une presse hydraulique et d'une romaine perfectionnée. Dans l'épreuve d'un câble fabriqué avec du fer de 32 millimètres (14 lignes) de diamètre, il a été constaté par les autorités de la ville de Nevers, que ce câble avait résisté à une force de 340 quintaux métriques, et qu'en continuant de le tendre on n'avait pas pu parvenir à le rompre. La fabrique de MM. de Raffin a obtenu, pour les années 1827 et 1828, la fourniture de 48 chaînes-câbles pour frégates, corvettes et bâtimens légers de la marine royale, au prix de 140 fr. le quintal métr., en fer dont le diamètre doit varier entre 2 et 4 centimètres, suivant les n^{os}. des divers câbles. Un tel câble a 50 mètres de long, et pour lui donner une longueur quelconque, il suffit d'en réunir plusieurs par le moyen de chaînons intermédiaires ; il porte, de distance en distance, des *émérillons*, tellement ajustés, que le fer ne peut jamais se tordre, quelque mouvement de torsion qui soit imprimé au câble ; en même temps, un *étançon*, placé en travers dans chacun des chaînons, empêche le fer de s'étendre dans le sens de la longueur. La situation de ce nouvel établissement lui permet de répandre d'excellens produits dans tous les ports de la France. Déjà les marins ont reconnu que les chaînes-câbles résistent mieux au frottement, font un meilleur service, et sont même d'un usage plus commode pour le matelot, que les câbles de chanvre.

MM. Dechamps et compagnie, à la Charité-sur-Loire (Nièvre), ont établi, depuis l'Exposition de 1823, une usine dans laquelle ils fabriquent une grande quantité de produits très-variés, à l'usage des bâtimens, tels que serrures, loquets, verroux, charnières, poignées, espagnolettes, et vis de plusieurs sortes ; ces objets, d'un prix modéré, sont exécutés presque entièrement avec du fer affiné à la houille, qui provient de l'usine de Fourchambault (Nièvre).

MM. de Guaita et compagnie, à Zornhoff (Bas-Rhin), fabriquent, depuis l'année 1825, dans leur établissement déjà cité au sujet des scies et des limes, un grand nombre d'outils et d'ustensiles propres à une foule d'usages, tels que rabots, ciseaux, tenailles, étaux, vrilles, vilebrequins, compas, moulins à café, etc. Ces produits, qui sont abondans et d'un prix modéré, ont subi l'épreuve du commerce, d'une manière satisfaisante.

MM. Peugeot frères, Calame et Salins, à Hérimoncourt (Doubs), déjà cités au sujet des scies, exposent des outils divers, tels que truelles, racloirs, fers de rabots et agrafes en acier ; ces produits confirment ce qui a déjà été dit sur l'activité de leurs ateliers.

M. Hue, à l'Aigle (Orne), expose des marteaux propres à tailler les meules de moulin, des filières perfectionnées, et un outil par le moyen duquel on peut percer toutes sortes de filières; ces objets, déjà mentionnés au sujet de l'acier, sont regardés comme étant d'une qualité supérieure, dans les tréfileries renommées du département de l'Orne, et dans un grand nombre d'autres ateliers.

M. Blanchard, à Paris, présente une collection complète d'outils à l'usage des selliers et des bourreliers, tels que couteaux demi-circulaires à pied, et autres de diverses formes, couteaux mécaniques, soit pour couper les rênes en longueur, soit pour amincir le cuir, griffes propres à percer les points de couture, enfin toutes sortes d'instrumens destinés à la confection des harnais, selles et brides; tous ces outils sont fabriqués en acier fondu. M. Blanchard en fournit annuellement 14.000 pièces aux selliers les plus renommés de Paris, et ceux-ci déclarent, par un certificat, que ce sont les meilleurs outils qu'ils aient jamais employés. Par le moyen du couteau mécanique pour amincir le cuir, on peut obtenir six bandes de cuir dans une épaisseur de trois quarts de ligne; le couteau pour couper les rênes en longueur opère avec autant de netteté que de promptitude; la griffe destinée à percer les points de couture porte communément 20 dents par pouce courant; M. Blanchard présente une semblable griffe qui porte 50 dents par pouce; il y a joint une griffe à roulette, pour le même objet.

MM. Arnheiter et Petit, à Paris, exposent une

collection de toutes sortes d'instrumens et outils, dont les principaux sont à l'usage de l'agriculture et du jardinage, tels que sécateurs, pinces à incision pour la vigne, ébranchoirs, cisailles, cueilloirs, coupe-racines, etc.; les tranchans de tous ces outils sont en acier fondu; l'un des sécateurs est capable de couper une branche de 3 pouces de diamètre. Un couteau à tranchant circulaire, qui est destiné à couper en petits morceaux les racines les plus dures qu'emploie la pharmacie, a été approuvé par l'Académie royale de médecine, ainsi qu'une pince destinée à déboucher les bouteilles d'eaux minérales.

Il convient encore de rappeler beaucoup d'autres outils et ustensiles divers, qui sont exposés par les fabricans dont suivent les noms :

M. Cagniard-Damainville, à Crépy (Oise), présente une sonde pour le percement des puits artésiens, des piéges à taupes, et des louchets pour l'extraction de la tourbe;

M. Mulot, à Épinay (Seine), une sonde de mineur ou de fontenier, avec divers instrumens pour la construction des puits artésiens;

M. Mesnil, à Nantes (Loire-Inférieure), des haches, des pelles, des houes et d'autres outils aratoires, objets dont il a introduit la fabrication dans cette ville;

MM. Leignadier et compagnie, à Paris, des tubes de tôle plaquée en laiton, un lit, des espagnolettes et des barreaux de rampe d'escalier, objets fabriqués avec ces tubes métalliques;

M. Bémont, à Croissy près Châtou (Seine-et-Oise), tous les outils et ustensiles qu'emploient les tonneliers, produits qui se font remarquer par le beau poli de l'acier;

M. Audollent, à Paris, divers outils pour les arts et métiers, ainsi que des pièces de machines à l'usage des filatures;

M. Grün, à Guebwiller (Haut-Rhin), des étrilles et des traverses pour châssis de fenêtres, objets fabriqués par un procédé mécanique;

M. Camus, à Paris, les divers produits de l'art de l'éperonnier;

M. Ehrenberg, à Paris, des outils d'ébénistes et de menuisiers;

M. Favreau, à Paris, un outil propre à l'extraction de l'argile, dite terre-glaise;

M. Poisson, à Toulouse (Haute-Garonne), un étau en fer poli, et un étau ordinaire à fourchette;

M. Delaporte, à Paris, des dés à coudre, dits *façon d'Allemagne et d'Angleterre*, soit en acier, soit en cuivre, et des crics pour mécanismes de lampes.

M. Deleuil, à Paris, expose un scarificateur destiné à remplacer la pose des sangsues, un briquet pyropneumatique, et des lampes de sûreté pour les travaux souterrains; ces lampes sont bien exécutées, d'après les modèles qui ont été fournis au fabricant par l'École royale des Mines. M. Deleuil a fabriqué avec le même succès une lampe qui complète l'équipage de sûreté, par le moyen duquel on peut pénétrer dans les travaux souterrains, lors même qu'ils sont remplis de gaz délétères.

M. Fouques fils, à Pont-Saint-Ours (Nièvre), présente un essieu d'avant-train, en fer forgé, qu'il a fabriqué suivant le modèle des Diligences générales de France, et un essieu d'artillerie, conforme au nouveau modèle. Ces essieux, exécutés avec précision, sont faits avec les rognures de la tôle mince qui est destinée à la fabrication du fer-blanc dans l'usine déjà citée de M. Fouques. Chaque essieu résulte d'un travail par lequel environ 12.000 morceaux d'excellent fer ont été forgés et soudés ensemble.

M. Gravier, à Valenciennes (Nord), expose un essieu de voiture, en fer corroyé; c'est le premier produit d'un atelier dans lequel ce carrossier vient d'établir une machine pour fabriquer, à l'imitation d'un procédé récemment introduit en Angleterre, des essieux de toutes les dimensions en usage. D'après l'annonce du fabricant, ces nouveaux essieux n'ont besoin d'être graissés que tous les six mois. Par un autre effet de leur disposition, les roues ne peuvent ni se détacher de la voiture, ni se gauchir, et le bruit qu'elles font entendre est moindre que celui qui résulte de l'emploi des essieux à clavettes.

M. Pot, à Nevers (Nièvre), présente un gros marteau de forge, en fer corroyé et trempé, du poids de 477 kilogrammes, ouvrage exécuté avec précision, sans le secours du burin ni de la lime;

MM. Leglay frères, à Lachalade et aux Islettes, (Meuse), un affût en fer forgé, qui porte une pièce d'artillerie exécutée en rubans de fer, et du calibre de deux pouces;

L'Ecole royale d'arts et métiers, d'Angers (Maine-et-Loire), des outils divers qui sont en général exécutés avec soin et précision;

MM. Pihet frères, à Paris, un lit en fer plat, avec dos à jour, du poids de 47 kilogrammes et du prix de 47 francs, ouvrage exécuté sur le modèle de 30.000 lits qui ont été commandés pour le service du département de la Guerre;

M. Bainée, à Paris, une couchette en fer, avec dossier plein, construite comme le sont les lits employés dans le Collège royal de Louis-le-Grand, ouvrage du prix de 120 fr.;

M. Berthier, à Paris, un étau à patte, en fer étamé, et un lit en fer rond étamé, qui est du prix de 600 francs;

MM. Titot et Chatelux, déjà cités au sujet de la serrurerie, une couchette en fer;

MM. Martin et compagnie, à Fourchambault (Nièvre), un lit en fonte moulée, dont le fond est un réseau élastique, formé de fer plat;

MM. Renette et c^{ie}., et M. Armbruster, à Paris, des rifloirs et brunissoirs;

M. Bourgoin, à Paris, des objets à l'usage des graveurs et des ciseleurs;

M. Dinant, à Paris, des outils de menuisiers et d'ébénistes;

M. Hartmann, à Paris, des instrumens à l'usage des mécaniciens;

M. Pupil, et M. Lenormand, à Paris, des burins;

MM. Leclerc et Dequenne, à Raveau (Nièvre), des ressorts de voiture, et divers objets de taillanderie;

M. Vuillefroy, à Laon (Aisne), une clef de voiture, objet destiné à remplacer la *clef anglaise*;

M. Fossey, à Paris, une cisaille susceptible d'être adaptée à une machine;

M. Naudot-Roblet, à Langres (Haute-Marne), un étau à pied, du poids de 26 kilogrammes, 5;

M. Croisez, à Paris, des filières et leurs accessoires, ainsi que des vis et boulons:

Ces divers objets, qui servent à l'exercice d'un grand nombre de professions utiles, se recommandent en général par la qualité de la matière, par des formes convenables, et par la modération des prix.

Armes blanches. Des lames de sabre damassées sont exposées par M. Treppoz, coutelier à Paris, et par MM. Leclerc et Dequenne, déjà cités au sujet de l'acier. M. Dida, à Paris, présente des casques exécutés en laiton doré, objets d'armement, dont le mérite ne pourra être déterminé que par des épreuves faites dans le département de la Guerre.

MM. Coulaux aîné et compagnie, à Molsheim et à Klingenthal (Bas-Rhin), exposent des cuirasses dont le mérite est déjà constaté, ainsi que le prouve une lettre du Ministre de la guerre, en date du 1er. juin 1827. Il s'agissait de trouver une matière ou *étoffe* de fer et d'acier, propre à la fabrication des cuirasses. Le poids était fixé à 17 livres pour chacune, le plastron seul étant du poids de 12 livres et demie; ces cuirasses devaient résister au choc de la balle, à une distance de 40 mètres. Parmi de nombreux concurrens, MM. Coulaux seuls ont fourni une étoffe qui remplit toutes les conditions exigées. Dans les épreuves ordonnées par le Ministre de la guerre, les cuirasses qu'ils fabriquent ont très-bien résisté au choc des balles de calibre, même à la distance de 30 mètres. Chacun des plastrons a été frappé de cinq coups de balle, et aucun n'a été traversé; on voit à l'Exposition ces cuirasses, dont on admire en outre la belle exécution et le poli brillant.

Armes à feu. M. Lepage, à Paris, expose un grand nombre de belles armes à feu parmi lesquelles on distingue les objets suivans: un fusil tournant, à quatre coups, présente une disposition nouvelle; un fusil double porte une platine qui se trouve à l'abri de l'eau et du feu; dans une carabine double, on voit un cylindre à cinq charges, avec une seule détente: c'est une arme que l'on charge sans baguette; une carabine simple et une paire de pistolets sont également pourvues de cylindres à cinq charges; une autre paire de pistolets offre des canons en acier fondu; une paire d'espingoles porte deux canons à orifices elliptiques. Toutes ces armes sont exécutées avec une rare précision. Les fusils ou carabines, au nombre de douze, sont en général des armes à percussion, dont les canons sont rayés en spirale. Une seule des armes exposées est un fusil à pierre, dont l'exécution ne laisse rien à désirer: ce fusil appartient au Roi.

M. Renette, à Paris, déjà cité au sujet des limes et des outils, présente six canons de fusil doubles qui sont damassés avec une parfaite régularité, et trois fusils doubles, à percussion, dont les canons, également damassés, présentent d'agréables dessins. Ces canons, composés de rubans de fer et d'acier, offrent une grande résistance, à cause du soin et de l'adresse avec lesquels on dispose les lames de métal, soudées ensemble pour les former. Un semblable canon double, damassé, qui pèse 1 kilogramme,5, est le résidu de 16 kilogrammes,5 de métal, que l'on emploie pour le fabriquer. C'est à l'école de M. Renette que se sont formés la plupart des fabricans de canons damassés. Dans les fusils qu'il expose, les canons recouvrent les platines, afin que ni la flamme, ni l'eau ne puissent pénétrer dans le bois par les joints; les plus habiles arquebusiers ont adopté cette nouvelle disposition.

M. Prélat, à Paris, présente plusieurs fusils et pistolets à percussion, un nécessaire de pistolets et une carabine à double détente; ces armes, disposées suivant les systèmes qui sont actuellement en usage, ont aussi le mérite d'une belle exécution; dans les pistolets on admire la richesse et la perfection des ciselures en or.

M. Cessier, à Paris, présente trois fusils doubles à percussion: l'une de ces armes est un fusil à la *Pauly*, dans lequel, par une disposition particulière, on a fait en sorte que l'amorce fût indépendante de la cartouche. Le feu de la première, qui est placée au-dessus du canon, va rejoindre le fond de la seconde, qui, n'étant revêtue que d'un léger papier, se laisse percer par la fusée de l'amorce. Dans un autre fusil double, les grands ressorts sont rejetés à la partie postérieure des platines, qui deviennent ainsi moins longues par-devant: il en résulte que la force des bois n'est pas diminuée par la situation des grands ressorts, comme cela se voit dans les fusils ordinaires.

M. Lamotte, à Saint-Étienne (Loire), présente une paire de pistolets exécutés dans le goût oriental, et garnis en or, avec canons et platines ornés de ciselures sur acier.

M. Delebourse, à Paris, expose quatre fusils doubles, à percussion; ces armes sont des fusils tournans; il en est deux qui présentent l'utile innovation que nous avons déjà remarquée au sujet de l'emplacement des grands ressorts dans les platines, et de la force des bois.

M. Pottet-Delcusse, à Paris, présente neuf fusils, tant doubles que simples, et plusieurs paires de pistolets, armes disposées suivant divers systèmes nouveaux. Parmi ces ouvrages, on distingue ceux que voici : Dans un fusil à quatre coups, le tonnerre se relève par le moyen d'une charnière, pour recevoir les quatre charges, après quoi, le tonnerre est fixé par le moyen d'une cale faisant office de coin. Plusieurs fusils offrent des platines réduites à une grande simplicité. Les armes que l'on nomme *fusils à la Pottet* sont en général chargées par la culasse, et pourvues chacune d'un magasin d'amorces. Ces armes subissent, depuis un an, l'examen d'une Commission au Ministère de la guerre; les résultats des essais paraissent leur donner l'avantage sur les fusils de nombreux concurrens qui cherchent les moyens d'accélérer la charge des armes de guerre, et d'empêcher que le soldat ne reste à découvert en chargeant. Le mérite de ces innovations ne pourra être définitivement jugé que par l'expérience.

M. Lelyon, à Paris, expose plusieurs fusils à un seul canon et à quatre charges, avec cylindres tournans, un fusil double avec la même disposition, un autre avec platine raccourcie et grand ressort logé par-derrière; enfin, un nécessaire d'armes, tellement disposé, que, sur un même cylindre tournant, on peut ajuster, soit un canon de pistolet, soit un canon de fusil ou de carabine.

M. Prieur, à Paris, présente trois fusils doubles à percussion : dans l'une de ces armes les chiens sont placés en dessous; dans un autre ils sont en dessus; le troisième fusil porte un coffre en fer pour le jeu des platines. Le temps seul fera connaître ce qu'il faudra penser de ces diverses innovations.

M. Albert-Bernard, à Paris, expose plusieurs canons en damas et à rubans, exactement dressés tant au dehors qu'au dedans, ouvrages parmi lesquels on admire, comme un tour d'adresse, un canon simple dont les rubans croisés tournent, l'un à droite et l'autre à gauche, avec une parfaite régularité.

M. Bernard, à Paris, outre deux canons doubles, en damas, dont le dessin figure une spirale, présente un canon simple dont les rubans, croisés symétriquement, tournent en deux sens opposés;

M. Prévost, à Mezières (Ardennes), un canon double, en damas, d'un dessin régulier;

M. Lefaucheux, à Paris, six fusils doubles, dont trois dans le système ordinaire, et trois à la Pauly; deux de ces derniers offrent l'amélioration déjà indiquée relativement aux ressorts des platines.

M. Rousseau, à Chartres (Eure-et-Loir), présente un fusil double et une paire de pistolets, armes dans chacune desquelles une chaînette lie une branche du grand ressort avec le chien; cette nouvelle disposition oblige de retourner l'arme pour en faire usage.

M. Mahiet fils, à Tours (Indre-et-Loire), expose un fusil double dont le canon est damassé, et un fusil à percussion, qui est richement orné.

M. le colonel, marquis d'Espinay Saint-Denys, à Paris, présente un grand nombre d'armes de guerre, qui sont disposées suivant divers systèmes nouveaux; la disposition des fusils et mousquetons a pour but cinq objets que voici: 1°. d'empêcher que la balle ne puisse tomber hors du canon; 2°. de permettre et de faciliter la charge par la culasse; 3°. de dispenser d'amorcer à chaque coup; 4°. de dispenser de déchirer la cartouche; 5°. de lier le chien et la batterie du fusil entre eux, de telle manière que l'on puisse à volonté rendre ces pièces indépendantes l'une de l'autre. Aux fusils et mousquetons, M. d'Espinay a joint des lances et des chevaux de frise, dont il propose diverses combinaisons. Comme tous ces objets concernent l'armée française, le Ministre de la guerre pourra seul déterminer le mérite des innovations proposées.

Il convient encore de rappeler, comme ayant exposé, soit des armes à feu, soit des objets qui s'y rapportent, les personnes dont suivent les noms :

M. Lautussat, à Paris, présente un fusil à deux coups;

MM. Boche et Aubin, à Paris, des amorces et des poires à poudre;

M. Montangérand, à Joigny (Yonne), des capsules imperméables pour les fusils à piston.

MM. Leglay frères, à Lachalade et aux Islettes (Meuse), ont fabriqué une petite pièce de canon: cette pièce, du poids de 60 kilogr., porte un boulet à 1.500 mètres; le Ministre de la guerre, en 1822, ordonna de la déposer dans le Musée d'artillerie à Paris, et de l'y conserver comme un objet de curiosité, en y faisant graver le nom des fabricans.

Parvenus au terme de l'examen dont le soin nous était confié, résumons les principales conséquences des faits réunis dans ce rapport. Conclusion.

Depuis l'Exposition de 1823, l'industrie métallurgique a fait en France des progrès incontestables : d'anciens établissemens ont été améliorés; de nouveaux procédés sont introduits avec succès dans les ateliers; plusieurs départemens ont vu s'élever un grand nombre de nouvelles fabriques.

Les progrès de l'industrie métallurgique sont

en général plus grands à l'égard des métaux ouvrés, qu'à l'égard des métaux bruts ; cependant, parmi ces derniers, la fabrication du fer a pris, en France, un heureux développement qui depuis long-temps était désiré ; ce métal est sans contredit celui dont la production donne lieu au travail le plus actif, celui qui reçoit de l'industrie manufacturière les plus grands accroissemens de valeur.

La qualité des produits, soit bruts, soit ouvrés, a reçu d'importantes améliorations ; la quantité s'en est tellement accrue, qu'aujourd'hui l'on craint moins de voir les produits manquer aux consommateurs, que de voir les consommateurs manquer aux produits. Cette situation étant commune à la France et à plusieurs autres pays, on peut espérer qu'elle deviendra un nouveau gage du maintien de la paix, dont tous les peuples industrieux sentiront de plus en plus le besoin.

Le prix des métaux, soit bruts, soit ouvrés, a diminué dans plusieurs genres de fabrication ; cependant, presque tous les produits métalliques se vendent encore plus cher en France, que dans les pays étrangers : c'est une vérité qu'il faut avoir le courage de reconnaître ; car, ce ne serait pas encourager dignement l'industrie, que de la flatter en lui dissimulant sa véritable position.

La différence, quelquefois considérable, qui existe entre le prix des produits métalliques, achetés en France, et le prix des mêmes objets, tirés des pays étrangers, se trouve balancée, jusqu'à un certain point, par les droits de douanes, auxquels ces derniers sont soumis, à leur entrée en France ; c'est ce qu'indiquent les tableaux présentés dans le cours de ce rapport. (*V*. p. 8, 24 et 78.)

Les droits de douanes sont en général établis de manière que l'industrie française soit convenablement protégée contre l'industrie étrangère, mais qu'en même temps, la première ne s'endorme pas à l'abri d'un rempart que la seconde pourrait alors franchir. Si d'un côté, il importe que ces droits soient maintenus, parce que de leur existence dépend celle d'un grand nombre d'établissemens français, de l'autre, il est à désirer, dans l'intérêt des consommateurs, qu'il devienne possible de modérer ces mêmes droits, sans inconvénient pour l'industrie métallurgique; mais aujourd'hui, l'amélioration de cette industrie dépend moins de nouveaux progrès à faire dans les arts qui s'y rapportent, que de certaines circonstances qui, loin d'être en son pouvoir, la maîtrisent impérieusement : tels sont les prix des combustibles, de la main-d'œuvre, et des transports.

Il pourra donc s'écouler bien du temps encore, avant qu'il soit possible de supprimer, sans inconvénient, ou même de modérer les droits de douanes, qui s'opposent à l'entrée des métaux étrangers. En effet, chez plusieurs nations industrieuses, les métaux sont obtenus, ou élaborés, à beaucoup meilleur marché qu'ils ne peuvent l'être en France; cet avantage, pour les peuples étrangers, résulte de ce que chez eux le prix des combustibles est moindre qu'en France, les moyens de communication sont plus faciles et moins dispendieux, en même temps que la main-d'œuvre est moins coûteuse. Ainsi, la France ne pourra soutenir la concurrence avec les nations rivales de son industrie, que si d'abord on n'a perfectionné l'exploitation de ses forêts et de ses mines, facilité sa navigation intérieure, complété ses moyens de communication, abaissé le prix des matières et de la main-d'œuvre, ouvert de nouveaux débouchés à certains produits, enfin, éclairé les spéculateurs, dont l'ardeur semble quelquefois avoir besoin d'être modérée.

Déjà plusieurs de ces vœux, formés en faveur de l'industrie française, sont exaucés par le gouvernement paternel du Roi, en tout ce qui le concerne. Une connaissance exacte des faits relatifs aux produits métallurgiques pourra contribuer à compléter des améliorations heureusement commencées; car, on a dit avec raison, que « la connaissance des faits écarte les fausses opi» nions chez les particuliers, et les fausses me» sures chez ceux qui gouvernent. »

TROISIÈME PARTIE.

LISTE indicative des distinctions accordées par le Roi, relativement aux Arts métallurgiques, par suite de l'Exposition des produits de l'industrie française, de l'année 1827.

Le Jury central de l'Exposition des produits de l'industrie française, en l'année 1827, a décerné, pour les objets suivans, aux personnes ci-après nommées, les distinctions que voici;

Relativement au PLOMB :

A M. Lenoble, à Paris, rue des Coquilles, n°. 2,

Rappel d'une *Médaille de bronze* décernée en 1823, pour tuyaux de plomb, étirés sans soudure;

A M. Partarrieu, au nom de l'ancienne manufacture royale de plomb laminé, à Paris, rue Béthisy, n°. 20,

Rappel d'une *Médaille de bronze* décernée en 1819, pour feuilles de plomb laminé;

A la Société anonyme, pour la manutention du plomb, à Clichy-la-Garenne, près Paris,

Médaille de bronze, pour tuyaux de plomb étirés sans soudure, et feuilles de plomb laminé;

A MM. Voisin et compagnie, à Paris, rue Neuve-Saint-Augustin, n°. 32,

Mention honorable, pour feuilles de plomb coulé.

Relativement au Cuivre :

A MM. Debladis, Auriacombe, Guérin jeune, et Bronzac, à Imphy (Nièvre),

Médaille d'or, pour feuilles de cuivre laminé, fonds de chaudière, clous et barreaux de cuivre propres au service de la marine (Voyez TÔLE, FER-BLANC);

A MM. Frèrejean et fils, à Lyon (Rhône), et à Pont-l'Évêque (Isère),

Médaille d'or, pour fonds de chaudière de grandes dimensions, feuilles de doublage, et autres produits en cuivre raffiné (Voyez LAITON, ZINC);

A M. Mazarin, à Toulouse (Haute-Garonne),

Médaille de bronze, pour feuilles de cuivre laminé et fonds de chaudière;

A MM. Cartier fils et Guérin, à Paris, rue des Cinq-Diamans, n°. 20, et à Conflans-Sainte-Honorine, près Paris,

Idem, pour planches de cuivre propres à la gravure et au plaqué, et pour barreaux de cuivre destinés à l'étirage en fil;

A M. Thiébaut aîné, à Paris, rue du Ponceau, n°. 32,

Idem, pour cylindres en cuivre jaune, propres à l'impression des toiles peintes, et autres en cuivre rouge, dits rouleaux anglais;

A MM. Solazzo et Letellier, à Paris, rue du Regard Saint-Germain, n°. 30,

Mention honorable, pour cylindre d'impression, en cuivre, gravé par le procédé de la molette roulante;

A M. Parquin, à Paris, rue de Popincourt, n°. 66,

Idem, pour ustensiles en cuivre, exécutés au tour, sur des mandrins en bois, composés de pièces mobiles;

A M. Cassé fils, à Paris, rue de la Chaussée-d'Antin, n°. 46,

Idem, pour bustes en cuivre, exécutés au marteau;

A M. Billon, à Paris, rue Neuve-Saint-Martin, n°. 55,

Idem, pour ustensiles en cuivre;

A M. Delbeuf, à Paris, rue Dauphine, n°. 16,

Citation, pour *idem*;

A M. Egrot, à Paris, rue de la Grande-Truanderie, n°. 37,

Idem, pour *idem*.

Relativement au LAITON :

A MM. Frèrejean et fils (Voyez CUIVRE, ZINC),

Mention honorable pour feuilles de laiton laminé.

Relativement au ZINC :

A M. Averty, à Paris, rue Neuve-des-Mathurins, n°. 10,

Médaille de bronze, pour divers ouvrages en zinc;

A MM. Frèrejean et fils (Voy. CUIVRE, LAITON),

Mention honorable, pour feuilles de doublage en zinc laminé.

---

*Relativement à l'*ÉTAIN :

A M. Clancau, à Paris, faubourg Saint-Antoine, n°. 3,

Médaille de bronze, pour feuilles propres à l'étamage des glaces, planches destinées à la gravure, et feuilles minces, dites paillons d'étain.

Relativement au Bronze :

A M. Hildebrand, à Paris, rue Saint-Martin, n°. 202,

Rappel d'une *Médaille de bronze* décernée en 1823, pour cloches, sonnettes, grelots et timbres ;

A M. Osmond-Dubois, à Paris, rue Saint-Martin, n°. 187,

Mention honorable, pour cloches, carillons et sonnettes;

A M. Lenoble, à Paris, rue Aumaire, n°. 2,

Citation, pour une cloche exposée avec son moule ;

A M.r Amant, à Paris, quai Pelletier, n°. 14,

Idem, pour sonnettes et timbres.

Relativement au Platine :

A M. Bréant, à Paris, quai de Conti, n°. 11,

Rappel d'une *Médaille d'or* décernée en 1823, pour capsules en platine, grand siphon du même métal, et grande coupe de *palladium* ;

A MM. Cuoq Couturier et compagnie, à Paris, rue de Lulli, n°. 1,

Rappel d'une *Médaille d'argent* décernée en 1819, pour une grande feuille de platine laminé.

Relativement à la Fonte de fer :

A MM. Manby et Wilson, à Charenton, près Paris,

Médaille d'or, pour grosses pièces de machines, en fonte moulée (Voyez *Fer*) ;

A MM. Risler frères et Dixon, à Cernay et à Mulhausen (Haut-Rhin),

Rappel d'une *Médaille d'or* décernée en 1823, pour pièces de machines en fonte de fer (Voy. *Cardes*) ;

A MM. Aubertot père et fils, à Vierzon (Cher),

Rappel d'une *Médaille d'argent* décernée en 1823, pour cheminées et petits tuyaux en fonte moulée (Voyez FER);

A MM. Martin et compagnie, à Fourchambault (Nièvre),

Médaille d'argent, pour cylindres de laminoirs, roues et lits, en fonte;

A MM. Waddington frères, à Saint-Remy-sur-Avre (Eure-et-Loir),

Rappel d'une *Médaille de bronze* décernée en 1823, pour pièces de machines;

A M. Mentzer, à Paris, rue Saint-Victor, n°. 44,

Idem, pour mortiers et autres objets en fonte polie;

A MM. Dumas et fils, à Paris, rue de Charonne, n°. 27,

Idem, pour petites pièces et ouvrages de bijouterie, en fonte moulée;

A Madame veuve Dietrich et fils, à Niederbronn (Bas-Rhin),

Médaille de bronze, pour pièces de machines, ustensiles et ornemens (Voyez FER);

A M. Ratcliff, à Paris, rue Saint-Ambroise, n°. 5 *bis*,

Idem, pour pièces détachées, à l'usage des mécaniciens;

A M. Benoit, à Paris, rue Neuve-Popincourt, n°. 7,

Idem, pour vases et console, en fonte;

A M. Richard, à Paris, rue des Trois-Canettes, n°. 13,

Idem, pour petites pièces et bijoux, en fonte;

A MM. Boigues et fils, à Fourchambault, (Nièvre),

Mention honorable, pour fonte propre au moulage,

obtenue par le moyen du coke mêlé avec le charbon de bois (Voyez *Fer*);

A la Société anonyme des fonderies de Vizille (Isère),

Idem, pour fonte de fer obtenue par le moyen de l'anthracite (houille sèche) mêlée avec le coke;

A M. de Pracontal, au fourneau de Tourbe-Rouge (Manche),

Idem, pour marmites et chenets, en fonte;

A MM. Huvelin de Bavilliers et compagnie, à Premery (Nièvre),

Citation, pour un modèle d'enveloppe de haut-fourneau, en fonte de fer;

A M. Laurent-Thiébaut, à Paris, rue de Paradis-Poissonnière, n°. 12 *bis*,

Idem, pour cylindres de laminoirs;

A M. Delaroche fils, à Paris, rue du Bac, n°. 58,

Idem, pour appareils de cheminées;

A M. André, à Paris, quai de la Mégisserie, n°. 48,

Idem, pour balcons et autres objets à l'usage des bâtimens;

A M. Duval, à la Gouberge (Eure),

Idem, pour lit en fonte de fer (Voy. *Tréfileries*);

A M. Calla, à Paris, faub. Poissonnière, n°. 92,

Idem, pour grosse borne en fonte;

A M. Barbeau, à Paris, quai de la Mégisserie, n°. 18,

Idem, pour foyers;

A M. Gilbert, à Paris, rue du Croissant, n°. 9,

Idem, pour foyers et chenets;

A M. Ménétrier, à Sellières (Jura),

A M. Houdaille, à Paris, rue Saint-Martin, n°. 171,

A M. Marchand, à Paris, rue Saint-Martin, n°. 185,

Idem, pour ouvrages de bijouterie en fonte de fer.

Relativement au FER EN BARRES :

A MM. Boigues et fils (Voyez *Fonte*),

Médaille d'or, pour fer de bonne qualité, affiné à la houille, façonné au laminoir, et propre à la fabrication des chaînes-câbles ;

A M. Thué, à Crozon (Indre),

Rappel d'une *Médaille d'argent* décernée en 1823, pour fers en verges propres à la clouterie ;

A MM. Mathey frères et Guénard, aux Forges de Montcey (Doubs),

Rappel d'une *Médaille de bronze* décernée en 1823, pour fer en barres et en rubans, affiné à la houille, et façonné au laminoir ;

A M. Muel-Doublat, à Abainville (Meuse),

Médaille de bronze, pour petits fers de fenderie, ainsi que pour fers ronds et autres, affinés à la houille, et façonnés au laminoir ;

A la Compagnie des forges de la Basse-Indre (Loire-Inférieure),

Idem, pour fer feuillard et fer fort, provenant des fontes de Bretagne, affinés par le moyen de la houille et du laminoir ;

A M. Michel jeune, aux forges de Corbançon (Indre),

Idem, pour fer en barres et fer en verges, affinés au charbon de bois et forgés au marteau ;

A MM. Gignoux et compagnie, à Grèze et à Cuzorn (Lot-et-Garonne),

Idem, pour fer obtenu de forges catalanes, avec économie du charbon de bois;

A MM. Manby et Wilson (Voyez *Fonte*),

Mention honorable, pour fer entièrement fabriqué à la houille, et pour barres façonnées au laminoir, qui sont employées dans un chemin de fer, allant de Saint-Étienne à Lyon;

A MM. Aubertot père et fils (Voyez *Fonte*),

Idem, pour fer de petites dimensions et bandages de roues, objets fabriqués au charbon de bois et au marteau;

A Mme. veuve Dietrich et fils (Voyez *Fonte*),

Idem, pour socs de charrue, fers en cercles et autres, fabriqués par le moyen du charbon de bois;

A M. Parant, à Limoges (Haute-Vienne),

Idem, pour fers de divers échantillons, *idem*.

Relativement à l'Acier :

A M. Ruffié fils, à Foix (Ariége),

Rappel d'une *Médaille d'or* décernée en 1823, pour acier naturel et acier cémenté (Voyez *Faulx*, *Limes*);

A MM. Monmouceau père et fils et compagnie, à Orléans (Loiret),

Rappel d'une *Médaille d'or* décernée en 1819, pour acier cémenté (Voyez *Limes*);

A MM. Leclerc et Dequenne, à Raveau (Nièvre),

Idem, pour acier cémenté (Voyez *Limes*, *Tôle*, *Tréfileries*);

A MM. Sirodot et compagnie, à Bèze (Côte-d'Or),

Rappel d'une *Médaille d'argent* décernée en 1819, pour acier naturel, raffiné (Voyez *Tôle*);

A M. Rivals-Gincla, aux forges de Gincla (Aude),

Rappel d'une *Médaille d'argent* décernée en 1823, pour acier cémenté, propre à la fabrication des limes (V. *Limes*);

A MM. Gaultier de Claubry et compagnie, à Bercy, près Paris (Seine),

Médaille d'argent, pour acier cémenté, et acier fondu;

A M. Hue, à l'Aigle (Orne),

Médaille d'argent, pour acier propre à la fabrication des filières (Voyez *Outils divers*);

A M. Falatieu (Joseph-Louis), à Pont-du-Bois (Haute-Saône),

Médaille de bronze, pour acier naturel, raffiné;

A la Fabrique d'acier d'Illkirch (Bas-Rhin),

Idem, pour acier cémenté (Voyez *Limes*);

A M. Valoud, à Saint-Clair-sur-Galaure (Isère),

Idem, pour acier naturel, propre à la fabrication des ressorts de voitures;

A MM. Garrigou, Massenet et compagnie, à Toulouse (Haute-Garonne),

Mention honorable, pour acier cémenté, propre à la fabrication des faulx (Voyez *Faulx*, *Limes*);

A M. Saint-Bris, à Amboise (Indre-et-Loire),

Idem, pour acier cémenté, propre à la fabrication des limes (Voyez *Limes*);

A MM. Coulaux aîné et compagnie, à Molsheim (Bas-Rhin),

Idem, pour acier naturel, raffiné (Voyez *Faulx*, *Limes*, *Scies*, *Outils divers*, *Armes blanches*);

A MM. Abat, père et fils et compagnie, à Pamiers (Ariége),

Idem, pour acier cémenté, propre à la fabrication des limes (Voyez *Limes*);

A MM. Mouret de Barterans et de Velloreille, à Chenecey (Doubs),

Idem, pour acier naturel, propre à l'étirage en fil (Voyez *Tréfileries*);

A MM. Jappy frères, à Beaucourt (Haut-Rhin), et à Badevel (Doubs),

Idem, pour acier fondu (Voyez *Outils divers*);

A MM. Pasquier, Geiger et compagnie, à Saint-Maur, près Paris,

Idem, pour acier cémenté;

A M. Borey aîné, à Paris, faubourg Saint-Martin, n°. 70,

Citation, pour *idem*;

A M. Lenormand, à Paris, rue Percée Saint-André, n°. 11,

Idem, pour acier raffiné (Voy. *Coutellerie*, *Outils divers*);

Relativement aux Faulx :

A MM. Garrigou, Massenet et compagnie (Voyez *Acier*, *Limes*),

Rappel d'une *Médaille d'or* décernée en 1819, pour fabrication active de faulx;

A M. Bouffon, à Sauxillanges (Puy-de-Dôme),

Rappel d'une *Médaille de bronze* décernée en 1823, pour faulx de bonne qualité (Voyez *Scies*);

A M. Billod, à la Ferrière-sous-Jougue (Doubs),

Idem, pour faulx fabriquées avec de l'acier français;

A M. Nicod, à Fin-des-Gras (Doubs),

Idem, pour faulx fabriquées avec de l'acier de Styrie;

A M. Bobilier, à la Grandcombe (Doubs),

Médaille de bronze, pour fabrication de faulx;

A MM. Baverel et fils, à la Ferrière-sous-Jougue (Doubs),

Idem, pour *idem* ;

A M. Ruffié fils (Voyez *Acier*, *Limes*),

Mention honorable, pour fabrication active de faulx ;

A MM. Coulaux aîné et compagnie (Voyez *Acier*, *Limes*, *Scies*, etc.),

Idem, pour faulx en acier fondu, avec des rapportés.

Relativement aux Limes :

A M. Saint-Bris (Voyez *Acier*),

Rappel d'une *Médaille d'or* décernée en 1819, pour limes et râpes, en acier cémenté ;

A M. Musseau, à Paris, faubourg Saint-Antoine, n°. 187,

Médaille d'or, pour limes en acier fondu ;

A MM. Abat père et fils et cie. (Voyez *Acier*),

Rappel d'une *Médaille d'argent* décernée en 1823, pour limes et carreaux, en acier cémenté ;

A MM. Dessoye et Paintendre, à Brevannes (Haute-Marne),

Médaille d'argent, pour limes, tant en acier naturel qu'en acier fondu ;

A M. Schmidt, à Paris, Chaussée de Ménilmontant, n°. 24,

Idem, pour limes en acier fondu ;

A M. Pupil, à Paris, rue de l'Oursine, n°. 64,

Médaille de bronze, pour *idem* (Voyez *Outils*) ;

A MM. Coulaux aîné et cie. (Voyez *Acier*, etc.),

Mention honorable, pour limes en acier fondu, et autres ;

A M. Ruffié (Voyez *Acier*, *Faulx*),

Idem, pour limes en acier naturel, et en acier cementé ;

A MM. Garrigou, Massenet et compagnie (Voy. *Acier, Faulx*),

Idem, pour limes en acier cémenté;

A MM. Leclerc et Dequenne (Voyez *Acier, Tôles, Tréfileries*),

Idem, pour *idem*;

A MM. Monmouceau père et fils et compagnie (Voyez *Acier*),

Idem, pour *idem*;

A M. Rivals-Gincla (Voyez *Acier*),

Idem, pour *idem*;

A MM. Renette et compagnie, à Paris, rue de Popincourt, n°. 60,

Idem, pour limes en acier fondu (Voy. *Armes a feu*);

A la Fabrique d'acier d'Illkirch (Bas-Rhin),

Idem, pour limes en acier fondu, et autres (V. *Acier*);

A M. Gourjon de la Planche, au Cholet (Nièvre),

Idem, pour limes, dites *façon d'Allemagne*;

A MM. Guénan père et fils, à Thiers (Puy-de-Dôme),

Idem, pour limes et râpes;

A M. Armbruster, à Paris, rue Frépillon,

Idem, pour *idem*;

A M. Pallarès, à Boulleternère (Pyrénées-Orientales),

Citation, pour limes dures, exécutées par essai;

Relativement aux Scies :

A MM. Peugeot frères, Calame, et Salins, à Hérimonçourt (Doubs),

Rappel d'une *Médaille d'argent* décernée en 1823, pour lames de scies, buscs et ressorts, en acier laminé (Voyez *Outils divers*);

A M. Mongin aîné, à Paris, rue Galande, n°. 63,

Médaille d'argent, pour scies à mécanique, et ressorts;

A MM. Coulaux aîné et compagnie (Voyez *Acier*, *Faulx*, *Limes*, etc.),

Mention honorable, pour scies en acier fondu, et autres;

A M. Bouffon (Voyez *Faulx*),

Idem, pour lames de scies;

A MM. de Guaita et compagnie, à Zornhoff (Bas-Rhin),

Idem, pour active fabrication de scies raffinées (Voyez *Outils divers*);

Relativement à la Tôle :

A MM. Debladis, Auriacombe, Guérin jeune, et Bronzac (Voyez *Cuivre*, *Fer-blanc*),

Mention honorable, pour grandes feuilles, fonds de chaudières, et caisses à eau, en tôle de fer forgé au charbon de bois;

A M. Fouques fils, à Pont-Saint-Ours (Nièvre),

Idem, pour tôle et fers-noirs, laminés (Voyez *Fer-blanc*, *Outils divers*);

A MM. de Buyer, oncle et neveu, à la Chaudeau et à Magnoncourt (Haute-Saône),

Idem, pour *idem* (Voyez *Fer-blanc*);

A MM. Leclerc et Dequenne (Voyez *Acier*, *Limes*, *Tréfileries*),

Idem, pour grandes feuilles de tôle d'acier;

A MM. Sirodot et compagnie (Voy. *Acier*),

Idem, pour tôle de fer et tôle d'acier.

Relativement au Fer-blanc :

A M. Fouques fils (Voyez *Tôle*),

Rappel d'une *Médaille d'or* décernée en 1823, pour fer-blanc laminé ;

A MM. de Buyer, oncle et neveu (Voyez *Tôle*),

Médaille d'or, pour active fabrication de fer-blanc laminé ;

A MM. Debladis, Auriacombe, Guérin jeune et Bronzac (Voyez *Cuivre*, *Tôle*),

Mention honorable, pour fer-blanc laminé, avec rappel d'une *Médaille d'or* décernée pour cuivre ;

A M. le baron Falatieu, à Bains (Vosges),

Idem, pour fer-blanc laminé, avec rappel d'une *Médaille d'or* décernée pour fils de fer (V. *Tréfileries*) ;

A MM. Bourcard-Van-Robais et compagnie, à Pont-sur-l'Ognon (Haute-Saône),

Idem, pour fer-blanc laminé, de divers échantillons.

Relativement aux Tréfileries :

A M. Mouchel fils, à l'Aigle (Orne),

Rappel d'une *Médaille d'or* décernée en 1819, pour fils de cuivre, de laiton, de fer, de cuivre étamé, etc. ;

A M. le baron Falatieu, à la Tréfilerie de la Pipée (Vosges),

Médaille d'or, pour fabrication active de fils de fer (Voyez *Fer-blanc*);

A MM. Mouret de Barterans et de Velloreille (Voyez *Acier*),

Rappel d'une *Médaille d'argent* décernée en 1823, pour fils de fer, d'acier et de laiton ;

A MM. Colliau et compagnie, à Toutevoie, près Chantilly (Oise),

Médaille d'argent, pour fils de fer et fils d'acier, de tous numéros jusqu'aux plus fins ;

A M. Mignard-Billinge, à Belleville (Seine),

Idem, pour verges et tringles cannelées, d'acier fondu, étirées à la filière ;

A M. Rousset, à Paris, rue Guérin-Boisseau, n°. 45,

Médaille de bronze, pour cordes métalliques d'instrumens de musique ;

A M. Fouquet, à Rugles (Eure),

Mention honorable, pour fils de fer et fils de laiton (Voyez *Clouterie*) ;

A MM. Leclerc et Dequenne (Voyez *Acier, Limes, Tôle*),

Idem, pour fils d'acier, propres à la fabrication des aiguilles ;

A M. Duval (Voyez *Fonte de Fer*),

Citation, pour fils de laiton ;

A M. Courtier, à Paris, rue de la Lingerie, n°. 5,

Idem, pour divers ouvrages en fil de fer.

Relativement aux Aiguilles :

A MM. Marchand et Vanhoutem, à l'Aigle (Orne),

Médaille de bronze, pour aiguilles fabriquées par un procédé mécanique.

Relativement aux CARDES:

A M. Saulnier, à Paris, rue Saint-Ambroise-Popincourt, n°. 5,

Médaille d'argent, pour plaques et rubans de cardes, fabriqués par le moyen d'une machine;

A M. Metcalfe, à Meulan (Seine-et-Oise),

Idem, pour plaques de cardes fabriquées à la main, et pour rubans de cardes exécutés par un procédé mécanique;

A MM. Scrive frères, à Lille (Nord),

Idem, pour plaques et rubans de cardes, fabriqués mécaniquement;

A MM. Risler frères et Dixon (Voyez *FONTE DE FER*),

Mention honorable, pour plaques et rubans de cardes à coton, *idem;*

A M. Manteau, à Paris, rue Basfroid, n°. 25,

Idem, pour cardes à laine, fabriquées mécaniquement, et pour rubans de cardes, exécutés à la main;

A M. Lambert, à Paris, rue Fontaine-au-Roi, n°. 12,

Idem, pour cardes fabriquées par un procédé mécanique;

A M. Anger, à Saint-Denis, près Paris,

Idem, pour plaques et rubans de cardes, *idem;*

A M. Harmey, à Paris, rue de Pontoise, n°. 12,

Idem, pour plaques et rubans de cardes, exécutés à la main;

A M. Achez-Portier, à Mouy (Oise),

Citation, pour plaques et rubans de cardes, fabriqués mécaniquement;

A MM. Estlin-Villette et compagnie, à Lille (Nord),

Idem, pour *idem*;

A M. Lecomte, à Evreux (Eure),

Idem, pour carde montée.

Relativement aux PEIGNES *et* ROTS :

A MM. Laverrière et Gentelet, à Lyon (Rhône),

Médaille d'or, pour peignes d'acier, sans ligature, propres au tissage des étoffes de soie ;

A M. Vuilquint, à Paris, rue de Charonne, n°. 159,

Médaille de bronze, pour peignes propres à la préparation des laines à cachemire ;

A MM. Chatelard et Perrin, à Lyon, Rhône,

Idem, pour peignes d'acier, propres au tissage des draps;

A MM. Debergue et compagnie, à Paris, rue de l'Arbalète, n°. 24,

Mention honorable, pour peignes de tissage, exécutés mécaniquement ;

A M. Lenain, à Paris, rue Saint-Antoine, n°. 126,

Citation, pour peignes de tissage ;

A M. Gautheron, à Paris, rue Saint-Victor, n°. 90,

Idem, pour peignes propres à la fabrication des galons de voitures ;

A M. Hartmann, à Paris, rue Rochechouart, n°. 61,

Idem, pour peignes en acier, propres à la préparation des laines (Voyez *Outils divers*) ;

Relativement aux ALÊNES :

A MM. Boilvin frères, à Badonvilliers (Meurthe),

Rappel d'une *Médaille d'argent* décernée en 1819, pour alênes, tant courbes que droites ;

A M. Thirion, à Saint-Sauveur (Meurthe),

Rappel d'une *Médaille de bronze* décernée en 1823, pour *idem* (Voyez CLOUTERIE) ;

Relativement aux TOILES MÉTALLIQUES :

A M. Roswag fils, à Schelestadt (Bas-Rhin),

Rappel d'une *Médaille d'or* décernée en 1823, pour gazes métalliques, et autres tissus en fil de métal ;

A M. Saint-Paul, à Paris, boulevart des Filles-du-Calvaire, n°. 11,

Rappel d'une *Médaille d'argent* décernée en 1823, pour tissus métalliques, dits *basins fins*, et autres ;

A M. Gaillard, à Paris, rue Saint-Denis, n°. 228,

Rappel d'une *Médaille d'argent* décernée en 1819, pour diverses toiles métalliques ;

A M. Porlier, à Paris, rue de la Bucherie, n°. 10,

Rappel d'une *Médaille de bronze* décernée en 1823, pour formes à papier, en fil de laiton ;

A M. Vallier, à Saint-Denis (Seine),

Médaille de bronze, pour toiles métalliques, propres à la fabrication mécanique du papier ;

A MM. Denimal et Miniscloux, à Valenciennes (Nord),

Idem, pour *idem* ;

A Madame Hartmann, à Paris, rue Rochechouart, n°. 61,

Mention honorable, pour tissus métalliques.

Relativement à la CLOUTERIE :

A M. Fouquet (Voyez TRÉFILERIES),

Médaille d'argent, pour clous d'épingle, fabriqués par un procédé mécanique ;

A M. Sirot, à Valenciennes (Nord),

Médaille de bronze, pour clous de fer, de cuivre et de zinc, fabriqués à froid par un procédé mécanique ;

A M. Lemire, à Clairvaux (Jura),

Idem, pour clous fabriqués mécaniquement, à froid;

A M. Thirion (Voyez ALÊNES),

Mention honorable, pour clous de divers échantillons;

A M. Grün, à Guebviller (Haut-Rhin),

Idem, pour clous fabriqués mécaniquement (Voyez OUTILS DIVERS);

Relativement à la BIJOUTERIE D'ACIER :

A M. Frichot, à Paris, rue des Gravilliers, n°. 42,

Rappel d'une *Médaille d'or* décernée en 1823, pour parures, candélabres et pendules, en acier poli ;

A M. Provent, à Paris, rue Salle-au-Comte, n°s. 4 et 6,

Rappel d'une *Médaille d'argent* décernée en 1823, pour flambeaux, pendules et bijoux *idem ;*

A M. Pauly, à Paris, faubourg Saint-Martin, n°. 13,

Médaille de bronze, pour bijoux et peignes *idem ;*

A M. Herfort, à Paris, faubourg Saint-Denis, n°. 65,

Mention honorable, pour bijoux et pendules *idem ;*

Relativement à la SERRURERIE :

A M. Huret, à Paris, rue Castiglione, n°. 3,

Rappel d'une *Médaille d'argent* décernée en 1819, pour fermetures à combinaisons ;

A M. Toussaint, à Paris, rue Saint-Nicolas-d'Antin, n°. 47,

Rappel d'une *Médaille de bronze* décernée en 1823, pour coffres-forts en fer;

A M. Leyris, à Paris, rue d'Enfer, n°. 66.

Idem, pour châssis de fenêtre, en tôle ;

A M. Didiée, à Paris, rue d'Enfer, n°. 32,

Idem, pour une machine à forer les métaux ;

A M. Thiry, à Metz, Moselle,

Médaille de bronze, pour serrures de sûreté ;

A M. Bécasse, à Paris, Rotonde du Temple, n°s. 24 et 25,

Idem, pour coffres-forts en fer ;

A M. Le Paul, à Paris, rue de la Paix, n°. 2,

Idem, pour *idem,* et autres ouvrages de serrurerie ;

A M. Regnier, à Paris, rue de Sorbonne, n°. 4,

Mention honorable, pour divers mécanismes en fer ;

A M. Jacquemart, à Paris, rue de la Paix, n°. 1,

Idem, pour châssis de fenêtre, et baguettes de fer ou de cuivre, propres au vitrage ;

A M. Borel, à Gap (Hautes-Alpes),

Idem, pour espagnolettes de fenêtre ;

A M. Delaforge, à Paris, rue de Pontoise, n°. 10,

Idem, pour forges portatives, en fer ;

A M. L'Enseigne, à Paris, rue et île Saint-Louis, n°. 25,

Citation, pour cadenas à combinaisons ;

A M. de Taverne, entrepreneur des travaux industriels de la maison de Bicêtre,

Idem, pour ouvrages de serrurerie, fabriqués dans cette maison ;

A MM. Titot et Chatelux, entrepreneurs des travaux exécutés dans les prisons, à Haguenau (Bas-Rhin) (Voyez OUTILS),

Idem, pour serrures fabriquées dans ces établissemens.

Relativement à la COUTELLERIE :

A M. Sirhenri, à Paris, place de l'École de Médecine, n°. 6,

Médaille d'argent, pour instrumens de chirurgie, et autres ouvrages de coutellerie fine ;

A M. Gavet, à Paris, rue St.-Honoré, n°. 158,

Idem, pour fabrication active de couteaux à lames d'acier, et de rasoirs ;

A M. Pradier, à Paris, rue Bourg-l'Abbé, n°. 8,

Rappel d'une *Médaille d'argent* décernée en 1823, pour canifs, taille-plumes, rasoirs et autres ouvrages ;

A MM. Dumas et Girard, à Thiers (Puy-de-Dôme),

Idem, pour fabrication active de rasoirs ;

A M. Bost-Membrun, à Saint-Remy (Puy-de-Dôme),

Idem, pour fabrication active de couteaux, et d'autres objets ;

A M. Gillet, à Paris, rue de Charenton, n°. 41 ;

Médaille d'argent, pour fabrication active de rasoirs en acier fondu ;

A M. Taillandier-Aimard, à Thiers (Puy-de-Dôme),

Idem, pour ciseaux et autres ouvrages ;

A M. Cardeilhac, à Paris, rue du Roule, n°. 4,

Idem, pour ouvrages de coutellerie fine, en acier de *damas* ;

A M. Sénéchal, à Paris, rue du Petit-Lion-Saint-Sauveur, n°. 14,

Rappel d'une *Médaille de bronze* décernée en 1823, pour ciseaux et autres ouvrages ;

A Madame veuve Charles, à Paris, rue Montesquieu, n°. 2,

Idem, pour fabrication active de rasoirs ;

A M. Bergougnan, à Paris, passage du Saumon, n°. 44,

Idem, pour *idem*, et autres ouvrages ;

A M. Treppoz, à Paris, rue du Coq-Saint-Honoré, n°. 6,

Idem, pour rasoirs, et divers autres produits, en acier de *damas* (Voyez ARMES BLANCHES) ;

A M. Roussin, à Paris, place Maubert,

Médaille de bronze, pour rasoirs en acier fondu ;

A M. Vallon, à Paris, passage Véro-Dodat, n°. 24,

Idem, pour rasoirs à dos de rechange, taille-plumes, et cardes à perruques ;

A M. Touron, à Paris, rue Mauconseil, n°. 20,

Idem, pour ouvrages de coutellerie fine ;

A M. Frestel, à Saint-Lô (Manche),

Idem, pour rasoirs, et serpettes à plusieurs pièces ;

A M. Douris Fumaux, à Thiers (Puy-de-Dôme),

Idem, pour divers ouvrages de coutellerie ;

A M. Soulot, à Paris, rue de Grenelle Saint-Honoré, n°. 41,

Idem, pour instrumens lithotriteurs;

A M. Greiling, à Paris, quai de la Cité, n°. 33,

Idem, pour instrumens de chirurgie;

A M. Laporte, à Paris, rue des Filles-Saint-Thomas, n°. 20,

Idem, pour rasoirs et autres objets de coutellerie fine, en acier français ;

A M. Villenave, à Paris, rue de Marivaux, n°. 5,

Idem, pour rasoirs en acier fondu ;

A M. Méricant, à Paris, quai des Ormes, n°. 20,

Mention honorable, pour taille-plumes, couteaux, canifs et ciseaux, en acier fondu français ;

A M. Morize, à Paris, rue Saint-Antoine, n°. 15,

Idem, pour couteaux et rasoirs, en acier français ;

A M. Manouvrier, à Limoges (Haute-Vienne),

Idem, pour ciseaux et greffoirs ;

A M. Daillé-Augéard, à Châtellerault (Haute-Vienne),

Idem, pour objets de coutellerie fine ;

A M. Choquet, à Paris, rue des Jardins-Saint-Paul, n°. 25 ;

Idem, pour rasoirs à rabot, et autres.

A M. Lemaire fils, à Paris, rue du Roule, n°. 8;

Idem, pour rasoirs, et cuirs propres à les entretenir ;

A M. Tixier-Goyon, à Thiers (Puy-de-Dôme),

Idem, pour ciseaux;

A M. Marquet, *ibidem*,

Idem, pour couteaux de poche;

A M. Gailon-Troullier aîné, *ibidem*,

A M. Buisson-Martignac, *ibidem*,

A M. Durand-Brasset-l'Héraud, *ibidem*,

Mention honorable, pour divers objets de coutellerie, tant fine que commune;

A M. Vauthier, à Paris, rue Dauphine, n°. 40,

A M. Guigardet, à Paris, rue des Filles-du-Calvaire, n°. 4,

A M. Sabatier, à Paris, rue St.-Honoré, n°. 64,

A M. Weber, à Paris, passage du Commerce, n°. 31,

Mention honorable, pour ouvrages de coutellerie;

A MM. Mougeot frères, à Bruyères (Vosges),

Idem, pour fabrication active de couteaux communs, en acier français;

A M. Cabau jeune, à Paris, rue Saint-Honoré, n°. 336,

Citation, pour instrumens de jardinage;

A M. Veyrat, à Paris, rue de la Tour, n°. 8,

Idem, pour ouvrages de coutellerie fine;

A M. Lemaire, à Châtellerault (Vienne),

Idem, pour couteaux et serpettes;

A M. Barraud, à Paris, rue Saint-Thomas, n°. 263,

Idem, pour ouvrages de coutellerie, en acier fondu;

A M. Beillet, à Paris, rue des Nonandières, n°. 18,

Idem, pour couteaux, rasoirs, canifs, taille-plumes et sécateurs ;

A M. Vallon jeune, à Paris, passage de l'Opéra, n°. 23,

Idem, pour rasoirs et instrumens de pédicure ;

A MM. Jacqueton frères, à Thiers (Puy-de-Dôme),

A MM. Arbaud-Pradier, *ibidem*,

A M. Chassangue-l'Héraud, *ibidem*,

A M. Saint-Joannis-Arbost, *ibidem*,

A M. Thinet-Malménaïde, *ibidem*,

Citation, pour objets de coutellerie, tant fine que commune ;

A M. Finot, à Saulieu (Côte-d'Or),

Idem, pour affiloirs, dits *euthégones*.

Relativement aux OUTILS DIVERS :

A MM. Jappy frères (Voyez *ACIER*),

Rappel d'une *Médaille d'or* décernée en 1823, pour casseroles et chaînettes, en fer étamé, coupes en fer, et tourne-broches ;

A M. Fourmand, à Nantes (Loire-Inférieure),

Médaille d'argent, pour câbles en fer, à l'usage de la marine.

A MM. de Raffin jeune et compagnie, à Nevers (Nièvre),

Idem, pour chaînes-câbles en fer, propres au service de la marine royale ;

A MM. Dechamps et compagnie, à la Charité-sur-Loire (Nièvre),

Médaille de bronze, pour divers objets à l'usage des bâtimens;

A M. Delarue, à Paris, rue du Monceau-Saint-Gervais,

Idem, pour outils en acier fondu, et autres, à l'usage de diverses professions;

A MM. Lacompar et compagnie, à Plancher-les-Mines (Haute-Saône),

Idem, pour objets de quincaillerie, fabriqués par des procédés mécaniques;

A M. Zanole aîné, à Orléans (Loiret),

Idem, pour *idem;*

A M. Antiq, à Paris, rue d'Enfer, n°. 101,

Idem, pour une sonde complète, propre à l'exploitation des mines et carrières;

A MM. de Guaita et compagnie (Voyez *Scies*),

Idem, pour divers outils et ustensiles;

A M. Blanchard, à Paris, rue des Prouvaires, n°. 45,

Idem, pour outils à l'usage des selliers et bourreliers;

A MM. Coulaux aîné et c[ie]. (Voyez *Acier, Faulx, Limes, Scies, Armes blanches*),

Mention honorable, pour divers outils en acier fondu, et outils à l'usage des colonies;

A M. Delaforge, à Orléans (Loiret),

Idem, pour objets de quincaillerie, fabriqués par des procédés mécaniques;

A MM. Peugeot frères, Calame, et Salins (Voy. *Scies*),

Idem, pour outils à l'usage de diverses professions;

A M. Hue (Voyez *Acier*),

Idem, pour filières perfectionnées, pour outils propres à percer les filières, et pour marteaux propres à la taille des meules de moulin;

A MM. Arnheiter et Petit, à Paris, rue Childebert, n°. 13,

Idem, pour instrumens et outils d'agriculture et de jardinage;

A M. Cagniard-Damainville, à Crépy (Oise),

Idem, pour une sonde propre au percement des puits artésiens, pour piéges à taupes, et louchets à tourbe;

A M. Mulot, à Épinay (Seine),

Idem. pour sonde de mineur, ou de fontenier;

A M. Mesnil, à Nantes (Loire-Inférieure),

Idem, pour outils aratoires;

A MM. Leignadier et compagnie, à Paris, rue de Bourgogne, n°. 9,

Idem, pour tubes métalliques de tôle plaquée en laiton, et pour divers ouvrages exécutés avec ces tubes;

A M. Bémont, à Croissy près Chatou (Seine-et-Oise),

Idem, pour outils et ustensiles, à l'usage des tonneliers,

A M. Audollent, à Paris, rue Saint-Antoine, n°. 43,

Idem, pour outils, et pièces de machines;

A M. Grün (Voyez *Clouterie*),

Idem, pour étrilles et autres objets, fabriqués mécaniquement;

A M. Camus, à Paris, rue de Bondi, n°. 56,

Idem, pour produits de l'art de l'éperonnier ;

A M. Ehrenberg, à Paris, rue de Charonne, n°. 24,

Idem, pour outils d'ébéniste et de menuisier ;

A M. Favreau, à Paris, rue de la Bûcherie, n°. 4,

Idem, pour outils propres à l'extraction de l'argile ;

A M. Poisson, à Toulouse (Haute-Garonne),

A M. Roblet, à Langres (Haute-Marne),

Idem, pour divers étaux ;

A M. Delaporte, à Paris, rue de Reuilly, n°. 36,

Idem, pour dés à coudre, et crics de lampes ;

A M. Deleuil, à Paris, rue Dauphine, n°. 24,

Idem, pour lampes de sûreté, à l'usage des mines ;

A M. Fouques fils (Voyez TÔLE, FER-BLANC),

Idem, pour essieux en fer forgé ;

A M. Gravier, à Valenciennes (Nord),

Idem, pour un essieu fabriqué mécaniquement ;

A M. Pot, à Nevers (Nièvre),

Idem, pour un gros marteau de forge ;

A MM. Leglay frères, à Lachalade et aux Islettes (Meuse),

Idem, pour un affût d'artillerie, en fer forgé (V. *ARMES A FEU*) ;

A l'École royale d'arts et métiers d'Angers (Maine-et-Loire),

Idem, pour divers outils et instrumens ;

A MM. Pihet frères, à Paris, avenue Parmentier,

Citation, pour lits en fer plat ;

A M. Bainée, à Paris, rue des Boulangers, n°. 2,

Idem, pour couchettes en fer ;

A M. Berthier père, à Paris, rue de Reuilly, n°. 36,

Idem, pour un lit et des étaux, en fer étamé ;

A MM. Titot et Chatelux (Voyez *Serrurerie*),

Idem, pour une couchette en fer ;

A MM. Martin et compagnie (V. *Fonte de fer*),

Idem, pour lits en fonte moulée avec fonds élastiques en fer plat ;

A MM. Renette et compagnie (Voyez *Limes*),

A M. Armbruster, à Paris, rue Frépillon,

Idem, pour brunissoirs et rifloirs ;

A M. Hartmann (Voyez *Peignes*),

Idem, pour instrumens à l'usage des mécaniciens ;

A M. Bourgoin, à Paris, rue du Haut-Moulin, n°. 4,

Idem, pour outils de graveur et de ciseleur ;

A M. Dinant, à Paris, rue Saint-Laurent, n°. 6,

Idem, pour outils de menuisier et d'ébéniste ;

A M. Pupil (Voyez *Limes*),

A M. Lenormand (Voyez *Acier*),

Idem, pour burins et instrumens tranchans ;

A M. Fossey, à Paris, rue de Tracy, n°. 5,

Idem, pour cisailles ;

A M. Croisez, à Paris, rue des Arcis, n°. 1,

Idem, pour filières, vis et boulons ;

A MM. Leclerc et Dequenne (Voyez *Acier*),

Idem, pour ressorts de voitures, et objets de taillanderie ;

A M. Vuillefroy, à Laon (Aisne),

Idem, pour une clef de voiture, destinée à remplacer la *clef anglaise*.

Relativement aux ARMES BLANCHES :

A MM. Coulaux aîné et compagnie (Voyez *Acier*, etc.),

Médaille d'or, pour cuirasses en étoffe de fer et d'acier, à l'épreuve de la balle ;

A M. Treppoz (Voyez *Coutellerie*),

A MM. Leclerc et Dequenne (Voyez *Acier*),

Mention honorable, pour lames de sabre damassées ;

A M. Dida, à Paris, rue Hauteville, n°. 2,

Citation, pour casques en laiton doré.

Relativement aux ARMES A FEU :

A M. Lepage, à Paris, rue de Richelieu, n°. 13,

Médaille d'argent, pour fusils et carabines à plusieurs coups, et à cylindre tournant, qui se chargent par la culasse, et pour diverses autres armes à feu ;

A M. Renette (Voyez *Limes*),

Idem, pour canons de fusil, doubles et damassés ;

A M. Pottet-Delcusse, à Paris, rue de Seine, n°. 56,

Idem, pour fusils à plusieurs coups, se chargeant par la culasse, et portant des platines simplifiées ;

A M. Prélat, à Paris, rue de la Paix, n°. 56,

Rappel d'une *Médaille de bronze* décernée en 1823, pour fusils et pistolets à percussion, et carabine à double détente ;

A M. Lamotte, à Saint-Étienne (Loire),

Idem, pour pistolets dans le goût oriental ;

A M. Cessier, à Paris, boulevart Montmartre, n°. 10,

Médaille de bronze, pour fusils doubles à percussion, avec platines raccourcies par-devant ;

A M. Delebourse, à Paris, rue Coquillière, n°. 30,

Idem, pour fusils tournans, à percussion, avec platines perfectionnées ;

A M. Lelyon, à Paris, rue de Richelieu, n°. 67,

Idem, pour fusil à un seul canon, et à quatre charges, avec cylindre tournant, et pour fusil double avec platine perfectionnée ;

A M. Prieur, à Paris, rue des Petites-Écuries, n°. 7,

Mention honorable, pour fusils doubles à percussion ;

A M. Albert-Bernard, à Paris, rue Rochechouart, n°. 23,

Idem, pour canons de fusil, damassés et à rubans croisés ;

A M. Bernard, à Paris, rue de Grenelle, au Gros-Caillou, n°. 6,

Idem, pour *idem* ;

A M. Prévost, à Mézières (Ardennes),

Idem, pour canon de fusil double, damassé ;

A M. Lefaucheux, à Paris, rue Jean-Jacques Rousseau, n°. 5,

Idem, pour fusils doubles, dont plusieurs *à la Pauly*, avec platines perfectionnées ;

A M. Rousseau, à Chartres (Eure-et-Loir),

Idem, pour fusil double, et pistolets, offrant une disposition nouvelle ;

A M. Mahiet fils, à Tours (Indre-et-Loire),

Idem, pour fusil double, à canons damassés, et fusil à percussion ;

A M. le colonel marquis d'Espinay-Saint-Denys, à Paris, rue Basse-du-Rempart, n°. 48,

Idem, pour diverses armes à feu, se chargeant par la culasse, et offrant d'autres dispositions nouvelles ;

A M. Lautussat, à Paris, rue de Grenelle-St.-Germain, n°. 14,

Citation, pour un fusil à deux coups ;

A MM. Boche et Aubin, à Paris, rue Montorgueil, n°. 84,

Idem, pour amorces et poires à poudre ;

A M. Montangérand, à Joiguy (Yonne),

Idem, pour capsules à l'usage des fusils à piston ;

A MM. Leglay frères (Voyez *Outils*),

Idem, pour une pièce d'artillerie, exécutée en rubans de fer.

TABLE DES MATIÈRES.

PREMIÈRE PARTIE.

DEUXIÈME PARTIE.

TROISIÈME PARTIE.

www.ingramcontent.com/pod-product-compliance
Ingram Content Group UK Ltd.
Pitfield, Milton Keynes, MK11 3LW, UK
UKHW020319230726
13925UKWH00002B/509